AF389302

RECHERCHES

SUR LES

FAUNES MARINE ET MARITIME

DE LA NORMANDIE

HENRI GADEAU DE KERVILLE

RECHERCHES

SUR LES

FAUNES MARINE ET MARITIME

DE LA NORMANDIE

1er VOYAGE

RÉGION DE GRANVILLE ET ILES CHAUSEY

(MANCHE)

Juillet - Août 1893

SUIVIES DE DEUX TRAVAUX

d'Eugène **CANU** et du Dr **E. TROUESSART**

sur les Copépodes et les Ostracodes marins et sur les Acariens marins
récoltés pendant ce voyage

(AVEC 11 PLANCHES ET 7 FIGURES DANS LE TEXTE)

Extrait du *Bulletin de la Société des Amis des Sciences naturelles de Rouen*
(1ᵉʳ semestre 1894)

PARIS

LIBRAIRIE J.-B. BAILLIÈRE ET FILS

19, Rue Hautefeuille

1894

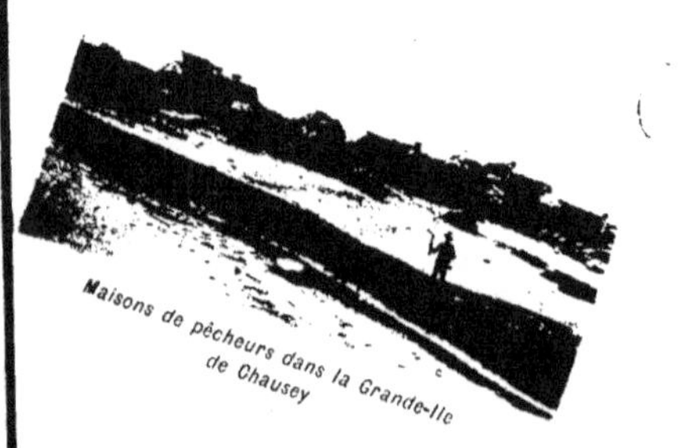

TRAVAUX DU MÊME AUTEUR.

Les Insectes phosphorescents, avec 4 planches chromolithographiées. Rouen, Léon Deshays, 1881.

Les Insectes phosphorescents, Notes complémentaires et Bibliographie générale (Anatomie, Physiologie et Biologie), Rouen, Julien Lecerf, 1887.

Comptes rendus des 19ᵉ, 20ᵉ, 21ᵉ, 22ᵉ, 23ᵉ et 24ᵉ réunions des Délégués des Sociétés savantes à la Sorbonne, (Sciences naturelles), 1881, 1882, 1883, 1884, 1885 et 1886, in Bull. de la Soc. des Amis des Scienc. natur. de Rouen, 1ᵉʳ sem. des années 1881, 1882, 1883, 1884, 1885 et 1886; (l'avant-dernier avec 3 planches en noir et 1 planche en couleurs). — Tir. à part, Rouen : Léon Deshays, 1881, 1882, 1883 et 1884; Julien Lecerf, 1885 et 1886.

Le Taupin des moissons, in Bull. de la Soc. des Amis des Scienc. natur. de Rouen, 2ᵉ sem. 1880. — Tir. à part, Rouen, Léon Deshays, 1881.

Recherches physiologiques et histologiques sur l'organe de l'odorat des Insectes, par Gustave Hauser, traduit de l'allemand, avec 1 planche en noir, in Bull. de la Soc. des Amis des Scienc. natur. de Rouen, 1ᵉʳ sem. 1881. — Tir. à part, Rouen, Léon Deshays, 1881.

Liste générale des Mammifères sujets à l'albinisme, par Elvezio Cantoni, traduction de l'italien et additions, in Bull. de la Soc. des Amis des Scienc. natur. de Rouen, 1ᵉʳ sem. 1882. — Tir. à part, Rouen, Léon Deshays, 1882.

Les œufs des Coléoptères, par Mathias Rupertsberger, traduit de l'allemand, in Revue d'Entomologie, nᵒˢ de juillet et d'août 1882. — Tir. à part, Caen, F. Le Blanc-Hardel, 1882.

De l'action du Mouron rouge sur les Oiseaux, in Compt. rend. hebdom. des séanc. de la Soc. de Biologie, nᵒ 27, (séance du 8 juillet 1882). — Tir. à part, Paris, Edmond Rousset et Cⁱᵉ, 1882.

De l'action du Persil sur les Psittacidés, in Compt. rend. hebdom. des séanc. de la Soc. de Biologie, nᵒ 3, (séance du 20 janvier 1883). — Tir. à part, Paris, Edmond Rousset et Cⁱᵉ, 1883.

De l'action du Persil sur les Psittacidés, (nouvelles expériences et notes complémentaires), Rouen, Léon Deshays, 1883.

De la structure des plumes et de ses rapports avec leur coloration, par le Dʳ Hans Gadow, traduit de l'anglais et annoté, avec 1 planche en noir, in Bull. de la Soc. des Amis des Scienc. natur. de Rouen, 1ᵉʳ sem. 1883. — Tir. à part, Rouen, Léon Deshays, 1883.

Sur la manière de décrire et de représenter en couleur les animaux à reflets métalliques, avec 1 figure dans le texte, in Bull. de l'Association française pour l'Avancement des Sciences, Congrès de Rouen en 1883. — Tir. à part, Paris, Secrétariat de l'Association, 1884.

Mélanges entomologiques, 3 mémoires, 1ᵉʳ semestre 1883, 2ᵉ semestre 1883, et 1ᵉʳ et 2ᵉ semestres 1884, in Bull. de la Soc. des Amis des Scienc. natur. de Rouen, 1ᵉʳ sem. 1883, 2ᵉ sem. 1883 et 2ᵉ sem. 1884. — Tir. à part, Rouen, Léon Deshays, 1883, 1884 et 1885.

Les Myriopodes de la Normandie (1ʳᵉ liste), suivie de diagnoses d'espèces et de variétés nouvelles, par le Dʳ Robert Latzel, avec 1 planche en noir, in Bull. de la Soc. des Amis des Scienc. natur. de Rouen, 2ᵉ sem. 1883. — Tir. à part, Rouen, Léon Deshays, 1884.

Les Myriopodes de la Normandie (2ᵉ liste), suivie de diagnoses d'espèces et de variétés nouvelles (de France, Algérie et Tunisie), par le Dʳ Robert Latzel, in Bull. de la Soc. des Amis des Scienc. natur. de Rouen, 2ᵉ sem. 1885. — Tir. à part, Rouen, Julien Lecerf, 1886.

Addenda à la faune des Myriopodes de la Normandie, in Bull. de la Soc. des Amis des Scienc. natur. de Rouen, 1ᵉʳ sem. 1887. — Tir. à part, Rouen, Julien Lecerf, 1887.

Deuxième addenda à la faune des Myriopodes de la Normandie, suivi de la description d'une variété nouvelle (var. lucida Latz.) du Glomeris marginata Villers, par le Dʳ Robert Latzel, in Bull. de la Soc. des Amis des Scienc. natur. de Rouen, 1ᵉʳ sem. 1889. — Tir. à part, Rouen, Julien Lecerf, 1890.

Note sur une espèce nouvelle de Champignon entomogène (Stilbum Kervillei Q.), avec 4 figures en couleurs et en noir, in Bull. de la Soc. des Amis des Scienc. natur. de Rouen, 2ᵉ sem. 1883. — Tir. à part, Rouen, Léon Deshays, 1884.

Note sur un Orque épaulard pêché aux environs du Tréport, in Bull. de la Soc. des Amis des Scienc. natur. de Rouen, 1ᵉʳ sem. 1884. — Tir. à part, Rouen, Léon Deshays, 1884.

De la reproduction de la Perruche soleil (Conurus solstitialis Less.) *en France*, in Bull. mensuel de la Soc. nation. d'Acclimatation de France, n° 7 (juillet) de 1884. — Tir. à part, Paris, Siège de la Société, 1884.

Note sur un Canard monstrueux appartenant au genre Pygomèle, avec 1 planche en noir, in Journal de l'Anatomie et de la Physiologie, n° 5 (septembre-octobre) de 1884. — Tir. à part, Paris, Félix Alcan, 1884.

Description de quatre Monstres doubles (2 Chats et 2 Poussins) appartenant aux genres Synote, Iniodyme, Opodyme et Ischiomèle, avec 1 planche en noir, in Journal de l'Anatomie et de la Physiologie, n° 4 (juillet-août) de 1885. — Tir. à part, Paris, Félix Alcan, 1885.

Les Veaux à deux têtes; deux monstres doubles autositaires, avec 2 figures, in La Nature, Paris, n° du 26 novembre 1887.

*Sur un type probablement nouveau d'anomalies entomologiques, pré-
senté par un Insecte coléoptère (Stenopterus rufus* L.), avec 2 figures,
in Le Naturaliste, n° du 1ᵉʳ janvier 1889. — Tir. à part, Paris, Bureaux du
Journal, 1889.

Sur un Levraut monstrueux du genre Hétéradelphe, avec 1 figure, in
Le Naturaliste, n° du 15 décembre 1889. — Tir. à part, Paris, Bureaux du
Journal, 1889.

Expériences tératogéniques sur différentes espèces d'Insectes, avec
6 figures, in Le Naturaliste, n° du 15 mai 1890. — Tir. à part, Paris, Bureaux
du Journal, 1890.

Sur un jeune Chien monstrueux du genre Triocéphale, avec 2 figures,
in Le Naturaliste, n° du 1ᵉʳ février 1891. — Tir. à part, Paris, Bureaux du
Journal, 1891.

*Description d'un Poisson et d'un Oiseau monstrueux (Aiguillat déro-
dyme et Goëland mélomèle),* avec 1 planche en noir, in Journal de l'Anatomie et de la Physiologie, n° 5 (septembre-octobre) de 1892. — Tir. à part,
Paris, Félix Alcan, 1892.

*Descriptions de quelques espèces nouvelles de la famille des Coccinel-
lidae,* avec 4 figures en couleurs, in Annal. de la Soc. entomol. de France,
ann. 1884. — Tir. à part, Paris, E. Duruy et Cⁱᵉ, 1884, (figures en noir).

Note sur l'albinisme imparfait unilatéral chez les Lépidoptères, in
Annal. de la Soc. entomol. de France, ann. 1885. — Tir. à part, Paris,
E. Duruy et Cⁱᵉ, 1886.

Évolution et Biologie des Bagous binodulus Hbst. *et Galerucella
nymphaeae* L., in Annal. de la Soc. entomol. de France, ann. 1885. — Tir. à
part, Paris, E. Duruy et Cⁱᵉ, 1886.

Évolution et Biologie des Hypera arundinis Payk. *et Hypera adspersa* F.
(*H. pollux* F.), in Annal. de la Soc. entomol. de France, ann. 1886. —
Tir. à part, Paris, E. Duruy et Cⁱᵉ, 1886.

*Note sur un hybride bigénère de Pigeon domestique et de Tourterelle
à collier, suivie de la récapitulation des hybrides uni- et bigénères
observés jusqu'alors dans l'ordre des Pigeons,* in Bull. de la Soc. des
Amis des Scienc. natur. de Rouen, 2ᵉ sem. 1885. — Tir. à part, Rouen,
Julien Lecerf, 1886.

*Note sur un nouvel hybride de Pigeon domestique et de Tourterelle à
collier,* in Bull. de la Soc. des Amis des Scienc. natur. de Rouen, 2ᵉ sem.
1891. — Tir. à part, Rouen, Julien Lecerf, 1892.

*Aperçu de la faune actuelle de la Seine et de son embouchure, depuis
Rouen jusqu'au Havre,* in 2ᵉ vol. de *L'Estuaire de la Seine,* par G. Lennier,
Le Havre, impr. du journal Le Havre, 1885. — Tir. à part, d°.

La faune de l'estuaire de la Seine, in Annuaire des cinq départements
de la Normandie (Annuaire normand), Congrès de Honfleur en 1886. — Tir.
à part, Caen, Henri Delesques, 1885.

Note sur les Crustacés schizopodes de l'estuaire de la Seine, suivie de la description d'une espèce nouvelle de Mysis (Mysis Kervilleï G.-O Sars), par G.-O. Sars, avec 1 planche en noir, in Bull. de la Soc. des Amis des Scienc. natur. de Rouen, 1er sem. 1885. — Tir. à part, Rouen, Julien Lecerf, 1885.

Causeries sur le Transformisme, Paris, C. Reinwald, 1887.

L'Aphelochirus aestivalis F. (Hémiptère hétéroptère), avec 1 figure, in Le Naturaliste, n° du 15 novembre 1887. — Tir. à part, Paris, Bureaux du Journal, 1887.

Faune de la Normandie, fasc. I, Mammifères, avec 1 planche en noir; *fasc. II, Oiseaux (Carnivores, Omnivores, Insectivores et Granivores)*; et *fasc. III, Oiseaux (Pigeons, Gallinacés, Échassiers et Palmipèdes)*, avec 1 planche en noir; in Bull. de la Soc. des Amis des Scienc. natur. de Rouen, 2e sem. 1887, 1er sem. 1889 et 2e sem. 1891. — Tir. à part, Paris, J.-B. Baillière et fils, 1888, 1890 et 1892.

Faut-il détruire nos Rapaces nocturnes? (note de zoologie pratique), in Bull. de la Soc. des Amis des Scienc. natur. de Rouen, 2e sem. 1887. — Tir. à part, Rouen, Julien Lecerf, 1888.

De la coloration asymétrique des yeux chez certains Pigeons métis, in Bull. de la Soc. des Amis des Scienc. natur. de Rouen, 2e sem. 1887. — Tir. à part, Rouen, Julien Lecerf, 1888.

Note sur la variation de forme des grains et des pepins chez les Vignes cultivées de l'Ancien-Monde, avec 1 planche en noir, in Bull. de la Soc. centrale d'Horticulture du départem. de la Seine-Inférieure, 4e cah. de 1887. — Tir. à part, Rouen, Espérance Cagniard, 1888.

Les Crustacés de la Normandie, espèces fluviales, stagnales et terrestres, (1re liste), in Bull. de la Soc. des Amis des Scienc. natur. de Rouen, 1er sem. 1888. — Tir. à part, Rouen, Julien Lecerf, 1888.

Note sur la découverte du Pélodyte ponctué dans le département de la Seine-Inférieure, in Bull. de la Soc. des Amis des Scienc. natur. de Rouen, 2e sem. 1888. — Tir. à part, Rouen, Julien Lecerf, 1888.

Note sur la venue du Syrrhapte paradoxal en Normandie, avec 1 planche en bistre, in Bull. de la Soc. des Amis des Scienc. natur. de Rouen, 1er sem. 1889. — Tir. à part, Rouen, Julien Lecerf, 1890.

Les Animaux et les Végétaux lumineux, avec 49 figures intercalées dans le texte, (Bibliothèque scientifique contemporaine), Paris, J.-B. Baillière et fils, 1890.

Sur l'existence du Palaemonetes varians Leach dans le département de la Seine-Inférieure, in Bull. de la Soc. zoolog. de France, t. XV, n° 1, janvier 1890. — Tir. à part, Paris, Siège de la Société, 1890.

Sur un cas d'amitié réciproque chez deux Oiseaux (Perruche et Sturnidé), avec 1 figure, in Le Naturaliste, n° du 1er août 1890. — Tir. à part, Paris, Bureaux du Journal, 1890.

Note sur la présence de la Genette vulgaire dans le département de l'Eure, in Bull. de la Soc. des Amis des Scienc. natur. de Rouen, 1er sem. 1890. — Tir. à part, Rouen, Julien Lecerf, 1890.

Biographie de Pierre-Eugène Lemetteil, et liste de ses travaux scientifiques, in Bull. de la Soc. des Amis des Scienc. natur. de Rouen, 1er sem. 1890. — Tir. à part, Rouen, Julien Lecerf, 1890.

Colonies hibernantes de Chauves-souris, avec 1 figure, in Le Naturaliste, n° du 15 octobre 1891. — Tir. à part, Paris, Bureaux du Journal, 1891.

Note sur deux Vertébrés albins : Lapin de garenne (Lepus cuniculus L.) et Bécasse bécassine (Scolopax gallinago L.), in Bull. de la Soc. des Amis des Scienc. natur. de Rouen, 1er sem. 1891. — Tir. à part, Rouen, Julien Lecerf, 1891.

Les Vieux Arbres de la Normandie, étude botanico-historique, fascicule I, avec 20 planches en photogravure, toutes inédites et faites sur les photographies de l'auteur, et *fascicule II*, d°, in Bull. de la Soc. des Amis des Scienc. natur. de Rouen, 2e sem. 1890 et 1er sem. 1892. — Tir. à part, Paris, J.-B. Baillière et fils, 1891 et 1893.

Le Chêne-chapelles d'Allouville-Bellefosse (Seine-Inférieure), avec 1 figure, in Le Naturaliste, n° du 15 décembre 1891. — Tir. à part, Paris, Bureaux du Journal, 1891.

L'Aubépine de Bouquetot (Eure), avec 1 figure, in Le Naturaliste, n° du 15 décembre 1893. — Tir. à part, Paris, Bureaux du Journal, 1893.

Curieuses soudures d'arbres, avec 1 figure, in Le Naturaliste, n° du 1er août 1892. — Tir. à part, Paris, Bureaux du Journal, 1892.

Note sur l'historique et la variation des Chrysanthèmes cultivés (Chrysanthème de l'Inde, et Chrys. de la Chine et Chrys. du Japon), avec 1 planche en phototypie, in Bull. de la Soc. centrale d'Horticulture du départem. de la Seine-Inférieure, 1er cah. de 1892. — Tir. à part, Rouen, Espérance Cagniard, 1892.

Le Jardin des Plantes de Rouen, avec 1 figure, in Le Naturaliste, n° du 15 février 1893. — Tir. à part, Paris, Bureaux du Journal, 1893.

Matériaux pour la faune normande (1re note), Oiseaux, in Bull. de la Soc. des Amis des Scienc. natur. de Rouen, 1er sem. 1893.

Note sur les Thysanoures fossiles du genre Machilis et description d'une espèce nouvelle du succin (Machilis succini G. de K.), avec 1 figure dans le texte, in Annal. de la Soc. entomol. de France, ann. 1893. — Tir. à part, Paris. Siège de la Société, 1893.

Note sur des larves marines d'un Diptère du groupe des Muscidés acalyptérés et probablement du genre Actora, trouvées aux îles Chausey (Manche), avec 3 figures dans le texte, in Annal. de la Soc. entomol. de France, ann. 1894. — Tir. à part, Paris, Siège de la Société, 1894.

Les Moutons à cornes bifurquées, avec 1 figure, in Le Naturaliste, n° du 15 mai 1894. — Tir. à part, Paris, Bureaux du Journal, 1894.

Curieux aspect du mycélium d'un Champignon hyménomycète, avec 1 figure, in Le Naturaliste, n° du 1er septembre 1894. — Tir. à part, Paris, Bureaux du Journal, 1894.

Le Lamprocoliou chalybé, avec 1 planche en couleurs, in L'Ami des Sciences naturelles, n° du 1er septembre 1894. — Tir. à part, Rouen, Direction du Journal, 1894.

Allocution prononcée à Elbeuf, le 12 norembre 1894, aux obsèques de Pierre Noury, Conservateur du Musée d'Histoire naturelle d'Elbeuf, Professeur de dessin à la Société industrielle de cette ville, Officier de l'Instruction publique, etc., in Bull. de la Soc. des Amis des Scienc. natur. de Rouen (procès-verbal de la séance du 6 décembre 1894). — Tir. à part, Rouen, Julien Lecerf, 1894.

Jeunes Poissons se protégeant par des Méduses, avec 1 figure, in Le Naturaliste, n° du 1er décembre 1894. — Tir. à part. Paris, Bureaux du Journal, 1894.

Etc.

RECHERCHES

FAUNES MARINE ET MARITIME

DE LA NORMANDIE

PAR

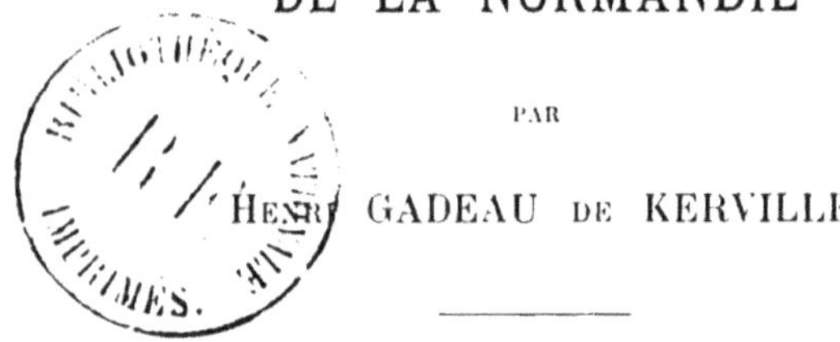

Henri GADEAU de KERVILLE

1er VOYAGE

RÉGION DE GRANVILLE ET ILES CHAUSEY

(MANCHE)

JUILLET-AOUT 1893

Suivies de deux travaux d'Eugène CANU et du Dr E. TROUESSART
sur les Copépodes et les Ostracodes marins
et sur les Acariens marins récoltés pendant ce voyage

Avec 11 planches et 7 figures dans le texte

PRÉFACE

Afin de recueillir des documents pour ma *Faune de la Normandie*, dont les Mammifères et les Oiseaux sont publiés[1], mais qui, par suite des recherches considérables que j'aurai à faire, tant dans la nature que dans les bibliothèques et les collections, me demandera, pour être terminée, encore près de vingt ans d'un travail assidu, je me suis décidé à entreprendre, chaque année que je le pourrai, un voyage prolongé, tantôt sur un point, tantôt sur un autre du littoral normand, et, cela va sans dire, dans les localités où je penserai pouvoir faire les récoltes zoologiques les plus intéressantes et les plus fructueuses.

Je dois ajouter que je n'entreprendrai pas de recherches fauniques dans les deux laboratoires maritimes normands ; car la faune de la région où ils sont installés sera bien connue dans un temps peu lointain, et il est préférable que j'explore les régions du littoral normand d'où la question d'argent et la crainte de l'isolement peuvent éloigner des naturalistes.

C'est avec un très-grand intérêt que j'ai visité au mois d'août 1894, avec plusieurs membres de la Section de Zoologie, d'Anatomie et de Physiologie du Congrès de

---

(1) *Fascicule I, Mammifères*, avec 1 planche en noir ; *Fascicule II, Oiseaux (Carnivores, Omnivores, Insectivores et Granivores)* ; et *Fascicule III, Oiseaux (Pigeons, Gallinacés, Échassiers et Palmipèdes)*, avec 1 planche en noir ; in Bull. de la Soc. des Amis des Scienc. natur. de Rouen, 2ᵉ sem. 1887, p. 117 ; 1ᵉʳ sem. 1889, p. 65 ; et 2ᵉ sem. 1891, p. 201. — Tir. à part, Paris, J.-B. Baillière et fils, 1888, 1890 et 1892, (même pagination que celle du Bull.).

l'Association française pour l'Avancement des Sciences, tenu à Caen, ces deux laboratoires maritimes.

Le plus important, celui du Muséum d'Histoire naturelle de Paris, d'assez récente organisation, est admirablement et très-spacieusement installé dans l'ancien lazaret de l'île Tatihou, à Saint-Vaast-de-la-Hougue (Manche), et dirigé par son fondateur, M. Edmond Perrier, l'illustre professeur à ce Muséum ; ce laboratoire, qui, sans nul doute, rendra de très-grands services, possède comme annexe l'île de Terre (ou île d'Aval) des îles Saint-Marcouf (Manche), situées à treize kilomètres au sud-est de Saint-Vaast-de-la-Hougue, et à quatorze kilomètres au nord-ouest de Grandcamp-les-Bains (Calvados).

L'autre laboratoire est celui de Luc-sur-Mer (Calvados), dépendant de la Faculté des Sciences de Caen, et dirigé par M. J. Joyeux-Laffuie, le distingué professeur de zoologie à cette Faculté. S'il n'a pas toute l'importance de celui de l'île Tatihou, le laboratoire de Luc-sur-Mer n'en est pas moins d'une très-grande utilité pour les progrès de la science. Ajoutons que la valeur et le zèle de M. A.-E. Malard, sous-directeur du laboratoire maritime de Saint-Vaast-de-la-Hougue, et de M. René Chevrel, chef des travaux de zoologie à la Faculté des Sciences de Caen, viennent assurer encore la prospérité de ces deux établissements scientifiques.

Il me faut traiter ici une question primaire : celle de la largeur de la bande littorale qu'il convient, au point de vue faunique, de regarder comme normande.

J'ai dit, dans l'introduction à ma *Faune de la Normandie* (fasc. I, p. 120), que j'y mentionnerais seulement les animaux vivant dans une bande littorale ne dépassant pas en largeur quelques kilomètres, et que, pour plusieurs motifs, je n'y parlerais pas de la faune des îles situées près des côtes normandes. Mais il est très-nécessaire de préciser cette largeur, et, de plus, les îles Saint-Marcouf, l'île Tatihou (île et presqu'île à la fois), l'île Pelée et les îles

Chausey faisant administrativement partie du département de la Manche, leurs faunules doivent, cela est obligatoire, être comprises dans la faune de la Normandie.

Aprés longue réflexion, j'ai adopté la largeur, *évidemment toute conventionnelle*, de trois lieues pour la bande littorale que je rattache, au point de vue faunique, à la Normandie. Une largeur moindre serait trop faible à mon avis, et je ne puis adopter une largeur de quatre lieues, qui d'ailleurs, je le crois, serait un peu exagérée, parce que j'engloberais alors dans cette bande littorale de recherches une partie de l'île d'Aurigny, qui, au point de vue géologique, doit indubitablement, ainsi que les autres îles anglo-normandes, être rattachée au Cotentin, dont elles ont été séparées par l'affaissement du sol et l'incessante action érosive des vagues, mais qui appartiennent à l'Angleterre, tout en ayant leur autonomie.

En résumé, je ne ferai mes recherches sur la faune marine normande que dans une bande littorale d'un maximum de trois lieues de large, sauf pour le petit archipel Chausey, qui est presque en entier, il est vrai, en dehors de cette bande, mais que la logique oblige à mettre totalement dans le territoire des recherches en question.

En faisant ces recherches sur le littoral de la Normandie, je ne me bornerai point à la faune marine, c'est-à-dire aux animaux qui vivent dans la mer, et récolterai aussi les animaux maritimes, c'est-à-dire ceux ayant comme habitat le bord de la mer, ce qui, d'ailleurs, s'impose, car il existe un certain nombre d'espèces animales qui sont à la fois maritimes et marines. J'étudierai aussi, cela est tout indiqué, la faune des eaux saumâtres, et, de plus, je ferai connaître, en certains cas, les animaux de la faune d'eau douce et de la faune terrestre non maritime, que j'aurai trouvés dans le voisinage de la mer.

Il importe d'ajouter que, dans ces comptes rendus de mes voyages zoologiques sur le littoral de la Normandie, je donnerai l'énumération de toutes les espèces que j'aurai recueillies, en y comprenant, par cela même, celles dont la venue sur les côtes normandes est plus ou moins exceptionnelle. En effet, il y a tous les degrés de transition entre les espèces qui viennent régulièrement ou à peu près sur le littoral de la Normandie et celles dont la présence y est tout à fait accidentelle, et l'indication des premières s'imposant, entraîne celle de toutes les autres. Quand on a le soin de dire que la présence de telle espèce sur tel point constitue un fait d'exception, en mentionnant, chaque fois qu'on le peut, les causes de sa venue et les circonstances dans lesquelles on l'a trouvée, il y a, je le pense, tout intérêt à l'indiquer dans un travail faunique ; c'est ce que j'ai fait dans ma *Faune de la Normandie* et dans mes autres travaux géonémiques.

Pour que le lecteur trouve avec plus de facilité les renseignements qu'il cherche, je diviserai les comptes rendus de mes voyages de zoologie sur le littoral normand en deux parties : la première se composera du récit sommaire du voyage, et, dans la seconde, seront indiqués les résultats zoologiques, qui consisteront surtout dans l'énumération des formes animales que j'aurai recueillies et dont la détermination aura été faite par des spécialistes très-compétents.

Il est aujourd'hui, par suite de l'énorme étendue de la science systématique, presque impossible à un naturaliste de déterminer avec certitude tous les animaux qu'il récolte, si ces animaux appartiennent à beaucoup d'ordres. En effet, non-seulement ce travail de détermination lui demanderait un temps considérable, mais, de plus, il courrait le grand risque, quelle que soit l'étendue de ses connaissances, de faire de nombreuses déterminations inexactes. Or, la détermination des espèces et des variétés a toujours besoin d'être faite avec la plus rigoureuse précision. Il vaut mille fois mieux ne pas citer une espèce animale ou végétale, que de l'indiquer sous un nom qui n'est pas le sien, car cette fausse indication pourra causer de graves erreurs.

La seule bonne manière d'opérer, pour le naturaliste qui s'occupe de l'étude d'une faune ou d'une flore, est de classer par groupes ses récoltes, de déterminer lui-même les êtres qu'il connaît à fond, ce qui est une excellente étude, de soumettre à un spécialiste ceux qu'il a déterminés d'une façon douteuse, et de communiquer tous les autres à des spécialistes, qui auront ainsi d'importants matériaux pour leurs travaux, et grâce auxquels il possèdera de tout à fait rigoureuses déterminations.

Dans la deuxième partie de ce compte rendu de mon premier voyage zoologique sur le littoral normand, j'indique, pour chaque groupe d'animaux, le nom du naturaliste qui a eu la grande obligeance de me les déterminer ; mais je tiens à faire savoir dès à présent que ces distingués spécialistes, au nombre de vingt-trois, sont : MM. Ernest André, Alfred Bétencourt, Raphaël Blanchard, Jules Bonnier, Eugène Canu, Carl Claus, Adrien Dollfus, Gustave Fallou, Albert Fauvel, Alfred Giard, René Kœhler, Robert Latzel, H. Lhotte, Arnould Locard, A. Malaquin, Josef Mik, Émile Moreau, Paul Pelseneer, Auguste Puton, Maurice Régimbart, Eugène Simon, Émile Topsent et E. Trouessart. Qu'ils veuillent bien recevoir ici l'expression de ma plus vive gratitude. J'ajoute des remerciements tout particuliers à MM. E. Trouessart et Eugène Canu pour les très-intéressants mémoires qu'ils ont rédigé à mon intention et qui figurent dans la partie terminale de ce rapport.

Enfin, je n'aurai garde d'oublier, dans le témoignage de ma reconnaissance, mes amis MM. Julien et Jules Lecerf, pour tout le soin qu'ils ont apporté dans l'impression des planches et du texte de ce compte rendu. Les clichés photo-collographiques sont l'œuvre personnelle de M. Jules Lecerf, qui, par son habileté doublée d'une grande persévérance, est arrivé au bout de quelques mois à obtenir, en photo-collographie, des résultats excellents.

Tout lecteur compétent remarquera de suite, en parcourant ces comptes rendus de mes voyages zoologiques sur le littoral de ma chère province natale, l'indication de nombreuses vulgarités et les considérables lacunes qui s'y trouvent.

Entre une espèce des plus communes et une espèce rare qu'il faut mentionner, il y a tous les degrés de transition, et comme il me paraît bien difficile, sinon impossible, de distinguer des autres les espèces qu'il n'est pas nécessaire d'indiquer, je prends le parti de les énumérer toutes.

Quant aux lacunes, certes elles sont énormes ; mais toute personne ayant quelques lumières en histoire naturelle comprendra parfaitement qu'un naturaliste, obligé, pour ses travaux fauniques, de recueillir des êtres de la plupart des classes du règne animal, ne peut en quelques semaines passées dans une région assez étendue, malgré toute son assiduité, récolter dans chaque groupe d'animaux un nombre d'espèces égal à celui qu'il aurait obtenu s'il avait limité ses recherches à quelques groupes seulement.

Telle est la richesse extraordinaire de la nature qu'il faut des années pour bien connaître la faune et la flore d'une seule localité, et encore, dans une région que l'on a soigneusement explorée, les chercheurs patients font-ils, de temps à autre, d'intéressantes découvertes.

PREMIÈRE PARTIE

RÉCIT SOMMAIRE DU VOYAGE

Le 22 juillet 1893, je partais pour Granville, d'où je suis revenu le 30 août ; c'est donc près de six semaines que j'ai passées dans cette région du Cotentin, et, pendant ce temps, je me suis livré, d'une façon exclusive, à des recherches scientifiques et presque uniquement zoologiques.

M. Albert Augier, alors Commissaire de l'Inscription maritime à Granville, fut d'une très-grande obligeance pour moi ; aussi ai-je le devoir, fort agréable, de lui en témoigner ici ma vive reconnaissance. Par son entremise, je me suis abouché avec Adolphe Pillet, garde-juré, patron et propriétaire du bateau de pêche l' « Adolphe », où étaient, avec lui, cinq hommes d'équipage, et sur ce bateau ponté, d'une longueur maximum de près de 15 mètres et d'une largeur maximum atteignant presque 4 mètres, sur cette « grande bisquine », terme usité à Granville pour désigner ce genre de bateaux de pêche, j'ai fait quinze petits voyages dans une grande sécurité.

Quant aux instruments dont j'ai fait usage pour mes différentes recherches zoologiques, ils se composaient d'un chalut, de dragues, de fauberts, de filets fins flottants, de filets fins à main, d'un tamis à petites mailles, d'un tamis à mailles extrêmement étroites, et d'une bêche. Je crois inutile de parler ici de la manière de s'en servir, ni des moyens que j'ai employés pour tuer et conserver au mieux les animaux si différents que je récoltais, ces modes opératoires étant bien connus ; toutefois, je tiens à recommander le très-utile travail de Salvatore Lo Bianco (Op. cit.) sur les méthodes en usage à la Station zoologique de Naples pour la préparation et la conservation des animaux marins.

J'ai maintenant à parler des endroits où j'ai fait mes recherches zoologiques, endroits indiqués par des hachures sur la carte ci-jointe (pl. I)[1], et qui sont : la région marine de Granville, Granville, l'anse de Bréhal, la Mare de Bouillon et les îles Chausey :

I

RÉGION MARINE DE GRANVILLE

Ce que j'appelle « région marine de Granville » dans ce rapport, ne correspond absolument à aucune étendue ayant des limites naturelles ou administratives, et n'est autre que la région que j'ai attentivement explorée pour connaître les animaux qui y vivent au fond de la mer, à différentes hauteurs et à sa surface.

Cette « région marine de Granville » est une bande côtière d'un maximum de 3 lieues de large, et s'étendant à près de 2 lieues et 1/2 au nord de Granville, et à environ 2 lieues au sud. Quant aux profondeurs de cette région, elles sont comprises entre 1 mètre et 15 mètres aux plus basses mers observées, et les fonds sont composés de sable, de vase avec prairies de Zostère marine (vulgairement désignées sous le nom d' « herbiers »), et de rochers avec algues.

II

GRANVILLE

Granville est une cité maritime construite sur des schistes précambriens d'une couleur brun-rouge foncé et dont une

---

(1) J'ai fait cette carte, que j'ai simplifiée le plus possible, à l'aide de cartes marines et terrestres auxquelles je renvoie le lecteur pour tous les renseignements dont il pourrait avoir besoin.

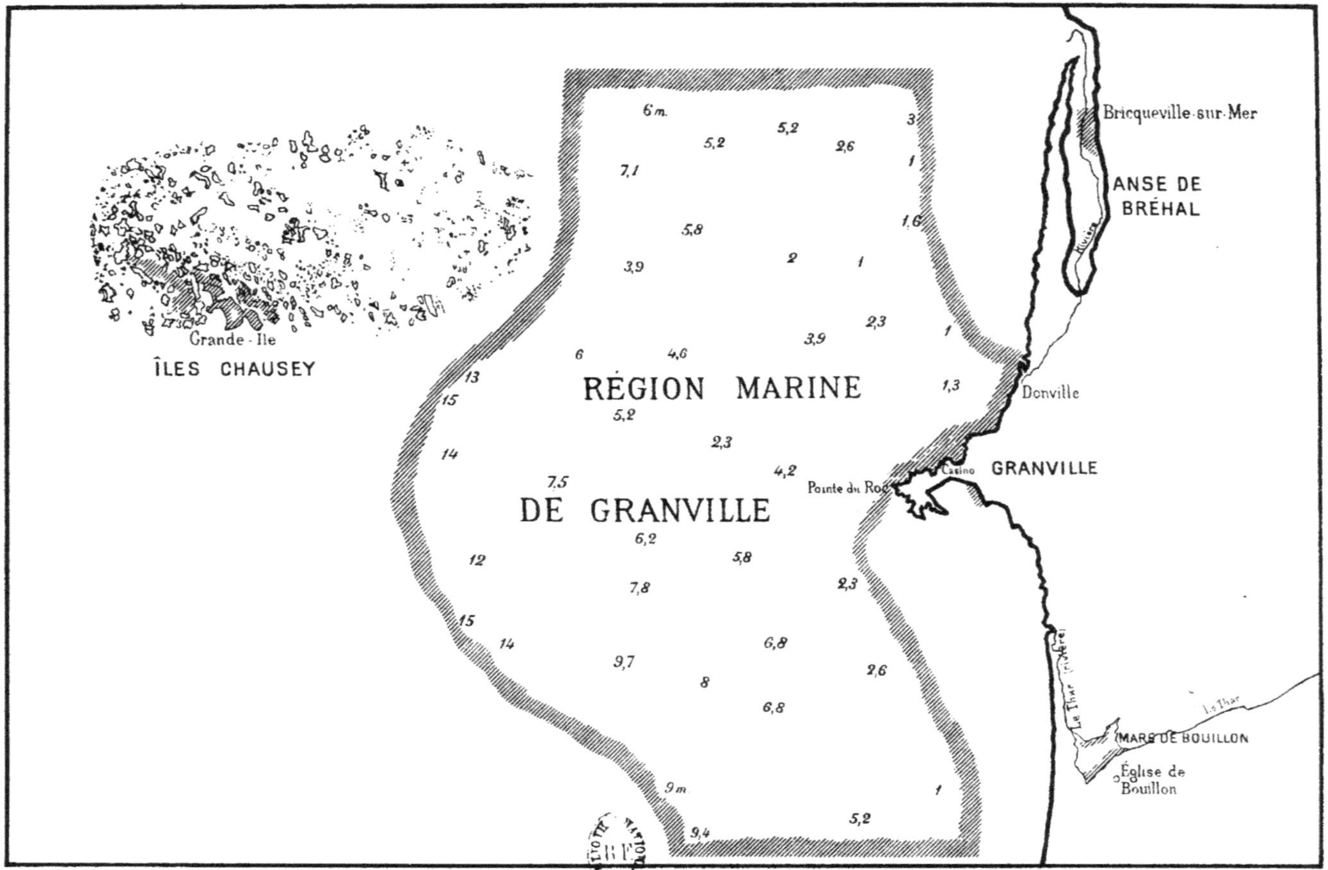

CARTE SCHÉMATIQUE MONTRANT, PAR DES HACHURES, LES ENDROITS QUE J'AI EXPLORÉS.

(Cette carte n'est pas assez précise pour en indiquer l'échelle).

partie élevée forme un promontoire abrupt que l'on appelle le Roc, promontoire terminé par le cap Lihou. Elle est divisée en Ville-Haute et en Ville-Basse, qui, en réalité, sont, à l'est, intimement fusionnées. La Ville-Haute, bâtie sur le Roc et entourée de murailles sombres, rappelle un peu la configuration de Monaco, mais s'en distingue grandement par son aspect sévère et l'absence de l'incomparable ciel méditerranéen, tant propice à la gaieté.

La plage de Granville se compose de sable et de rochers. Sur ces derniers croissent abondamment trois espèces d'algues : les *Fucus vesiculosus* L., *F. serratus* L. et *Ascophyllum nodosum* L., espèces dont je dois la détermination à l'obligeance de mon collègue, M. Henri Bernard, très-compétent en matière de phycologie.

A peu de distance du rivage, en allant du Casino à la pointe du Roc, on trouve à mer basse sur le sol rocheux, dans des flaques d'eau produites par le reflux, de nombreuses touffes de Corallines, parmi lesquelles j'ai recueilli de très-intéressantes espèces d'Halacariens dont parle M. E. Trouessart, au cours de l'important et long mémoire publié dans la partie terminale de ce compte rendu. En outre, on trouve en très-grand nombre, dans ces touffes de Corallines, un remarquable petit Crustacé copépode d'un rouge carmin, l'*Ilyopsyllus coriaceus* B. et R., auquel M. Eugène Canu a consacré une note dans son savant travail qui précède immédiatement, dans ce rapport, le mémoire en question de M. E. Trouessart.

Je n'ai, en aucune façon, à décrire la cité granvillaise, et passerais de suite à l'examen sommaire de l'anse de Bréhal, si je ne craignais que des lecteurs ne m'en voulussent un peu de ne leur point parler d'une fort captivante question zoologique : celle des femmes de Granville, dont, souventes fois, on a célébré la beauté. Tandis que plusieurs savants les considèrent comme les descendantes d'une colonie basque, établie à Granville au Moyen-Age, d'autres leur donnent pour origine l'union de soldats des sires de

Hauteville avec des femmes de Sicile, pendant la conquête et l'occupation de cette île, aux xi° et xii° siècles, par ces fameux aventuriers, dont la famille avait eu pour berceau Hauteville-la-Guichard, dans le département de la Manche.

Quoi qu'il en soit de l'origine ibérique ou sicilienne des Granvillaises, la vérité m'oblige à dire que, par suite du mélange de plus en plus grand, surtout dans les villes, des types anthropologiques, le type de Granville, type méridional, diminue d'une façon rapide, et que c'est particulièrement chez les femmes d'un certain âge que l'on peut le trouver aujourd'hui avec le moins de recherches. J'ai eu l'occasion toute fortuite de le constater chez une jeune femme. Un jour que je revenais en voiture d'explorer la Mare de Bouillon, une jeune pêcheuse me demanda une place dans mon miséreux véhicule. J'eus alors le plaisir de la regarder et de la questionner. C'était une femme de la région, et elle avait bien le beau type granvillais, qui me rappela celui des femmes que j'avais vues dans l'Italie méridionale. C'est tout ce que j'ai à dire sur cette question anthropologique, en regrettant de n'être pas mieux documenté au sujet des belles Granvillaises.

III

ANSE DE BRÉHAL

A cinq kilomètres au nord de Granville, distance minimum, se trouve, en partie sur la commune de Bréhal (Manche), une anse de sept kilomètres de long, d'une largeur maximum d'un kilomètre, et qui est presque entièrement séparée de la mer par une dune ayant à peu près la forme d'un triangle très-allongé dont le sommet est au nord. Cette anse est traversée longitudinalement par une petite rivière qui se jette dans la mer à l'extrémité nord de l'anse. Jadis, l'anse entière était, à n'en point douter, confondue avec la mer ; mais, par suite d'apports sableux faits par les vagues et amoncelés par le vent, il s'est formé une dune qui l'a séparée de la mer, sauf au nord, sur une étendue d'un kilomètre, intervalle dans les dunes au milieu duquel se jette la petite rivière qui traverse l'anse. A marée haute, l'eau se précipite par cette brèche et couvre en fort peu de temps l'anse de Bréhal ; la rapidité de l'arrivée et la hauteur de l'eau dépendant, cela va sans dire, de l'amplitude de la marée.

Si la main de l'homme n'intervient pas, il est possible que, dans un temps plus ou moins lointain, la brèche actuelle se ferme par une dune produite par les apports sableux des vagues et par le vent; que l'embouchure de la petite rivière se déplace, et que l'eau de mer vienne de moins en moins dans cette anse, qui finirait par ne plus contenir que de l'eau douce. Alors, à la place d'une faune d'eau salée, qui existe partiellement aujourd'hui dans cette anse, et d'une faune d'eau saumâtre, que l'on y trouve, il n'y aurait plus qu'une faune d'eau douce. Cela va de soi que la flore subirait les mêmes changements que la faune, et l'anse de Bréhal deviendrait finalement un marais d'eau douce.

IV

MARE DE BOUILLON

Ce qui aura peut-être lieu dans l'avenir pour l'anse de Bréhal, si la main de l'homme n'intervient pas, c'est-à-dire sa complète séparation de la mer et sa transformation en marais d'eau douce, s'est réalisé à la « Mare de Bouillon », qui se trouve au minimum à une lieue et demie au sud de Granville et, en moyenne, à huit hectomètres de la mer.

La « Mare de Bouillon », située à Bouillon (Manche), est, en réalité, un grand étang d'une superficie de 58 hectares, formé par une petite rivière, le Thar (ou Tard), qui se jette dans la mer à trois kilomètres au nord de cet étang, dont les bords sont entourés d'une vigoureuse et dense végétation où dominent le Phragmite commun (*Phragmites communis* L.) et le Scirpe des étangs (*Scirpus lacustris* L.).

Actuellement, l'eau de la Mare de Bouillon est toujours douce, la mer ne pouvant y remonter par la petite rivière, même aux plus grandes marées; mais, jadis, il n'en fut pas ainsi. A n'en point douter, la Mare de Bouillon était autrefois une anse de la mer; puis, les apports de sable faits par les vagues et amoncelés par le vent ont formé une dune qui a progressivement séparé cette anse d'avec la mer. D'abord, il y avait dans cette anse de l'eau salée, mélangée avec l'eau douce du Thar; puis, peu à peu, l'eau de mer n'y vint qu'aux marées un peu fortes, cette Mare contenant alors de l'eau saumâtre; puis l'eau de mer n'y arriva que pendant les plus grandes marées, et, enfin, n'y venant plus, l'eau de la Mare de Bouillon devint complètement douce. Avec ces changements dans la composition de l'eau eurent lieu simultanément, cela va sans dire, des changements dans la composition de la faune et de la flore, qui, de marines qu'elles étaient, devinrent une faune et une flore d'eau saumâtre, puis, finalement, une faune et une flore d'eau douce. Aussi, est-ce une erreur du *Guide-Joanne, Normandie*, (Op. cit., p. 371, col. 2), de parler de cet étang « aux rives tour à tour agrestes et maritimes », ses rives nourrissant uniquement, depuis des temps lointains, les végétaux que l'on trouve au bord des étangs et des mares de l'intérieur des terres, dans nos régions.

L'éminent Conservateur du Muséum d'Histoire naturelle du Havre, M. G. Lennier, a publié sur la Mare de Bouillon, qu'il a examinée, les renseignements fort intéressants qui suivent :

La Mare de Bouillon, dit G. Lennier dans une savante note (Op. cit., p. 181), « a été d'abord en communication avec la mer. Plus tard, par suite du dépôt sableux, la mer n'y pénétra plus que dans les tempêtes ou aux marées d'équinoxe. Enfin, par suite de l'accumulation des sables, la Mare de Bouillon ne fut plus alimentée que par la petite rivière qui lui avait donné naissance. Ces changements ne se sont pas opérés sans apporter de profondes modifications dans la faune et dans la flore, et, si l'on pouvait faire une coupe des dépôts qui se trouvent au fond de la Mare, on y trouverait, superposées : 1° une faune marine composée de coquilles rejetées par la mer : *Mytilus*, *Mactra*, *Cardium*, *Solen;* 2° une zone de lits sableux contenant des coquilles marines que les vagues apportaient dans les grandes marées; ces coquilles se mélangèrent aux débris de végétaux aquatiques et aux espèces d'eau douce qui vivaient déjà dans la Mare; 3° le dépôt plus récent formé de vases produites par la décomposition de matières organiques végétales et animales et contenant, dans un état de conservation plus ou moins parfaite, des débris végétaux, des coquilles d'eau douce (*Physa*, *Limnaea*) et des coquilles terrestres (*Helix*, *Cyclostoma*, etc.) ».

J'ai fait deux excursions à la Mare de Bouillon, pour y exécuter des recherches zoologiques dont le résultat est indiqué dans la seconde partie de ce compte rendu. Lors de ma première visite, j'eus le plaisir de contempler, à l'arrivée du soir, de nombreuses Hirondelles de rivage voletant au-dessus de l'eau d'une façon rapide, et s'accrochant aux plantes hautes, tandis que de grandes bandes d'Étourneaux vulgaires décrivaient des courbes sur ce vaste étang, où ils venaient chercher dans ses roseaux un bon gite pour la nuit. C'est un spectacle bien simple que ces vols d'oiseaux par une belle soirée d'été; néanmoins, il charme les yeux des amants de la nature.

A l'église de Bouillon existe une curiosité végétale : c'est un petit Pommier formant buisson, dont les racines sont fixées entre les pierres du côté gauche de l'église et à plusieurs mètres de hauteur. On se demande comment ce buisson, âgé, dit-on, de plus de soixante ans, et qui, paraitil, produit chaque année des pommes, peut trouver à se nourrir entre ces pierres? Il a eu l'honneur d'être décrit et figuré dans *Le Magasin pittoresque* (44ᵉ ann., 1876, p. 172), où il est représenté avec des dimensions à peu près égales à celles qu'il possède actuellement.

V

ILES CHAUSEY

Le petit archipel Chausey (Manche), qui a sept lieues de tour environ, est situé à l'ouest et au nord-ouest de Granville, dont il est distant, au minimum, de dix kilomètres. Ce petit archipel, entièrement granitique, est de formation relativement récente. On est, en effet, très-porté à croire qu'avant le iiiᵉ siècle, Chausey était continental. Par suite de l'affaissement du sol de cette région et de l'incessante action érosive des vagues, l'eau en a envahi les plus basses dépressions, et Chausey devint une île ; puis, l'affaissement et les érosions continuant, produisirent peu à peu la séparation de l'île unique en une multitude d'îles et d'îlots qui, aujourd'hui, sont au nombre de plusieurs centaines. Environ cinquante îles et îlots ne sont jamais couverts par le flux, beaucoup d'îlots ne le sont que dans les grandes marées, et des centaines d'îlots et de récifs sont, deux fois par jour, submergés entièrement.

L'île de beaucoup la plus importante est la « Grande-Ile ». En réalité, ce n'est qu'une île peu étendue, qui a une forme très-irrégulière, dont la longueur, en ligne courbe, est de 1.800 mètres environ, et dont la largeur moyenne est d'à peu près 300 mètres.

Toutes les parties de Chausey qui ne sont jamais couvertes par la mer sont une propriété particulière ; toutefois, deux points de la Grande-Ile appartiennent à l'État : l'un à la partie méridionale, où s'élève le phare, et l'autre à la partie septentrionale, où est établi le sémaphore. Une modeste auberge, dans la Grande-Ile, procure tout ce qui est nécessaire à la vie matérielle.

Autrefois, Chausey avait une population beaucoup plus importante qu'elle ne l'est aujourd'hui, composée alors de pêcheurs, de carriers et de barilleurs.

Les pêcheurs, dont le nombre a bien diminué, se livrent surtout à la pêche du Homard et à celle des Bouquets (*Palaemon*), improprement appelés « crevettes », nom qu'il faut réserver aux espèces du genre *Crangon*.

Les carrières de granit de Chausey sont bien connues, et, jadis, elles étaient fort exploitées. Actuellement, en raison de la facilité des transports par chemin de fer, et, en outre, par suite de certaines entraves apportées à l'exploitation, le nombre des carriers est réduit à quelques-uns seulement. Le granit de Chausey est très-dur et d'un blanc bleuâtre ; il est disposé par couches plus ou moins épaisses, et présente des fentes remplies d'un granit brun-jaunâtre très-friable, auquel les carriers donnent le nom bien significatif de « pierre pourrie ».

Quant aux barilleurs, qui, chaque année, coupaient les algues (*Fucus vesiculosus* L., *F. serratus* L. et *Ascophyllum nodosum* L.) tapissant les rochers, et les incinéraient, afin d'en extraire du carbonate de soude, il n'en vient plus dans ce petit archipel.

Chausey est célèbre dans l'histoire de la zoologie française. En 1828, Henri Milne-Edwards, le père de M. Alphonse Milne-Edwards, l'éminent Directeur du Muséum d'Histoire naturelle de Paris, et Jean-Victor Audouin, accompagnés de leurs jeunes femmes, y firent un long séjour et s'y livrèrent à de multiples recherches zoologiques. Plus tard, en 1841, Armand de Quatrefages y passa trois mois pour y étudier les animaux inférieurs, et ses *Souvenirs d'un naturaliste* (Op. cit.) contiennent le récit, en un style précis, captivant et coloré, de son séjour dans ces îles. Je me suis informé si le souvenir de cet illustre naturaliste n'était pas resté en quelque mémoire, et j'ai eu la satisfaction d'apprendre de la bouche d'un vieillard que lui-même, après plus d'un demi-siècle, en avait encore souvenance.

D'autres zoologistes et des botanistes sont venus faire à Chausey d'importantes recherches. Je citerai, entre autres, Louis Crié, botaniste et paléontologue de haute valeur, qui a publié un très-intéressant travail intitulé : *Essai sur la végétation de l'archipel Chausey (Manche)* (Op. cit.), dans lequel il énumère les Phanérogames, les Cryptogames vasculaires, les Muscinées et les Thallophytes de ce petit archipel, en comparant sa florule à celle des iles anglo-normandes.

Ce qui fait de Chausey, pour le zoologiste et le phycologue, une localité privilégiée, c'est sa composition géologique, sa situation, sa division en une multitude d'iles et d'ilots séparés par des chenaux et des dépressions, ses amas de rochers, et la très-grande hauteur des marées dans ces parages. En effet, la région de Granville et des iles Chausey et la baie du Mont Saint-Michel sont les points des côtes françaises où l'on observe les plus hautes marées ; la différence du niveau de l'eau entre la basse mer et la pleine mer étant, suivant les points de cette partie du littoral normand, de 14 à 15 mètres aux plus grandes marées, sans, bien entendu, tenir compte de l'action du vent, qui peut, cela va sans dire, augmenter notablement cette hauteur.

A Chausey, la faune des Invertébrés et la flore phycologique sont très-riches, et on peut aisément, lorsque l'eau est basse, et, surtout, pendant les grandes marées, recueillir une très grande quantité d'animaux, soit sous les pierres ou dans leurs fentes, soit fixés sur les rochers ou vivant dans leurs trous, soit enfoncés dans la vase ou le sable. En outre, on a le grand avantage de pouvoir récolter de fort nombreuses espèces d'algues macroscopiques qui, n'ayant subi aucun traînage dans la drague ou le chalut, sont, par cela même, dans le meilleur état, et renferment la totalité des petits êtres qui vivent parmi elles.

C'est une grande satisfaction, quand on aime l'histoire naturelle, d'aller, à mer basse, entre les rochers, de barboter dans les chenaux, de soulever les pierres, d'arracher les algues, et, à l'aide du filet fin, du tamis, du couteau et des pinces, de récolter une ample moisson. C'est un vif plaisir de marcher dans les prairies de Zostère marine, appelés vulgairement « herbiers », plantes qui forment, lorsqu'elles sont à sec, une surface verte et unie, et dont toutes les feuilles se redressent à mesure que l'eau les couvre, et de promener, en cette végétation, le filet fin, qui contiendra bientôt un riche butin; ou bien, armé d'une solide bêche, de creuser la vase et le sable pour y capturer les animaux qui y vivent, souvent assez profondément. On passe, en ces recherches, des heures inoubliables ; la fatigue n'est point ressentie; c'est avec gaieté que l'on supporte les chocs presque inévitables contre les pierres; c'est en souriant que l'on s'avance péniblement sur la vase si glissante des prairies de Zostère marine, avec la double perspective de s'y laisser choir et de s'y embourber, et l'on ne s'inquiète des graviers qui se sont introduits dans les chaussures, que lorsqu'ils rendent la marche par trop douloureuse.

A propos de ces recherches scientifiques, je me permets de donner le conseil pratique suivant : Quand on explore, pendant la saison chaude, des endroits sableux, il vaut mieux s'avancer dans l'eau les jambes nues, l'eau de mer étant très-hygiénique, et causant même, lorsque la température est élevée, une sensation agréable, toute différente de celle des bas mouillés; mais quand on va dans des endroits rocheux, il est préférable de mettre des bas et un pantalon, pour la triple raison que l'on atténue les chocs contre les pierres, presque impossibles à toujours éviter, que l'on est à l'abri de la sensation urticante déterminée par certains Actiniaires, et que l'on est protégé contre les pinces des gros Crustacés.

Lorsqu'elles sont faites avec un guide connaissant bien la localité, les excursions à pied dans le petit archipel Chausey ne présentent aucun danger; mais elles peuvent devenir fort périlleuses si l'on s'aventure seul en ce dédale d'îles et d'îlots. Pendant la basse mer, quand on s'éloigne à pied de la Grande-Ile, on passe par des endroits très-pittoresques, entourés de rochers aux formes bizarres, qui cachent complètement la mer, et l'on ne saurait vraiment alors que l'on est tout près du rivage, sans les rochers, en multitude et de toutes dimensions, couverts de trois espèces d'algues de la famille des Fucacées : les *Fucus vesiculosus* L., *Fucus serratus* L. et *Ascophyllum nodosum* L. Rien n'est plus facile que de perdre sa route au milieu de tous ces rochers, de ces places sableuses et de ces prairies de Zostère marine, qui se ressemblent plus ou moins. Comme la hauteur des marées est considérable dans cette région, l'eau monte très-vite, et, de plus, comme l'on est obligé, même lorsque l'eau est tout à fait basse, de traverser de petites rivières formées par le reflux, il en résulte que si l'on ne quittait pas à temps les recherches qui vous captivent et vous font si aisément oublier l'heure du retour, on trouverait son chemin barré en plusieurs points. Si l'on pouvait se réfugier sur une île dont la partie supérieure est herbue, c'est-à-dire sur une île qui n'est jamais complètement submergée, on serait obligé, à moins que l'on ait la chance d'être entendu ou aperçu, d'y rester jusqu'au moment où l'eau soit suffisamment basse pour permettre le départ, ce qui, la nuit surtout, manquerait de charme, sinon de pittoresque; mais si, comme hélas! le fait a eu lieu plusieurs fois, on montait sur un îlot qui, bien qu'élevé, sera tout à fait submergé au moment de la pleine mer, alors on éprouverait l'horreur de voir l'eau monter, monter toujours jusqu'à soi, et, obligé, à un certain instant, d'abandonner l'îlot, on courrait le grand risque, fût-on bon nageur, d'être heurté contre un rocher, par suite des courants ou des vagues, d'être étourdi, et, finalement, de trouver la mort.

Je ne saurais donc trop recommander aux personnes qui veulent entreprendre à pied dans Chausey, pendant le reflux, des recherches scientifiques ou de longues excur-

sions, de se faire accompagner par quelqu'un connaissant
bien ce petit archipel, et d'être assez raisonnables pour
l'écouter quand il donne le signal du retour. En agissant
ainsi, non sans qu'il ne m'en coûtât beaucoup de quitter des
endroits où fort intéressantes étaient mes récoltes, j'ai fait
à Chausey, avec un Breton de quatorze ans et demi, sérieux
et intelligent, mes recherches zoologiques, sans avoir eu le
moindre incident fâcheux.

De ce charmant petit archipel, de cette multitude d'îles et
d'îlots aux contours déchiquetés, d'où l'on voit, à l'horizon,
une grande partie du littoral de l'Ille-et-Vilaine, le Mont
Saint-Michel, la moitié de la côte occidentale du Cotentin,
et Jersey ; de la Grande-Ile, avec ses maisons de pêcheurs,
bâties en granit, sans étage et d'un aménagement bien
primitif ; de son minuscule port établi par la nature, le
Sound ; des matins et des après-midi consacrés aux recherches zoologiques ; d'une promenade nocturne en compagnie
de deux hommes fort aimables, M. Louis Taurin, docteur
en médecine, et M. Henri Chardon, substitut, amants de
Chausey, qui me montrèrent dans la Grande-Ile, à la lueur
d'une lanterne, des tumulus qu'ils avaient remarqués ; de
mon séjour en ce lieu isolé, j'ai conservé un si doux souvenir, que je ne saurais trop engager naturalistes et pro-
meneurs à visiter ce captivant petit archipel, que l'affaissement continuel du sol et l'incessante action érosive des
vagues fera, dans un avenir, heureusement très-lointain
encore, disparaître entièrement sous les flots.

Voici, pour les personnes que les îles Chausey intéressent,
l'indication de trois ouvrages de haute valeur, d'un important travail et de deux intéressants comptes rendus d'excursion, où elles trouveront de nombreux et très-utiles renseignements zoologiques, botaniques, géologiques et histori-
ques sur ce petit archipel :

5*

Audouin et Milne-Edwards. — *Recherches pour servir à l'histoire naturelle du littoral de la France*, etc., (Op. cit.), t. I, p. 51.

A. de Quatrefages. — *Souvenirs d'un naturaliste*, (Op. cit.), t. I, p. 3.

Vicomte de Potiche. — *La baie du Mont Saint-Michel et ses approches*, etc., (Op. cit.), p. 11, 16, 56, 96, 123, 135, etc.

Louis Crié. — *Essai sur la végétation de l'archipel Chausey (Manche)*, (Op. cit.), p. 295.

L. Corbière. — *Compte rendu des excursions botaniques faites par la Société linnéenne de Normandie aux environs de Granville et aux îles Chausey, les 5, 6 et 7 juin* 1891, (Op. cit.), p. 188.

Dr Joyeux-Laffuie. — *Compte rendu de l'excursion zoologique*, (faisant suite au précédent), (Op. cit.), p. 200.

NÉGATIF D'HENRI GADEAU DE KERVILLE.

PHOTOCOLLOGRAPHIE J. LECLERC.

CHAUSEY (Manche). — LA GRANDE-ILE.

(Vue prise du Sémaphore).

NÉGATIF D'HENRI GADEAU DE KERVILLE.

PHOTOCOLLOTOGRAPHIE J. LECÈRF.

CHAUSEY (Manche). — ILOTS DU COTÉ DE L'OUEST, AU COMMENCEMENT DU REFLUX.

(Vue prise de la partie nord de la Grande-Ile).

Explication des planches II et III

Pl. II

Chausey, la Grande-Ile. — J'ai pris cette vue photographique
au commencement du reflux, en me plaçant au sémaphore, qui est
situé dans la partie septentrionale de cette ile. Dans la partie gauche
de la planche on voit un groupe de maisons de pêcheurs, à la
droite desquelles s'étend le petit port naturel de la Grande-Ile, le
Sound. Au-dessus de lui, et se détachant sur l'horizon, est l'ancienne église; la nouvelle étant visible à droite et à mi–distance
entre l'ancienne église et le phare, qui s'élève dans la partie méridionale de la Grande Ile, et que l'on voit nettement sur la
planche. En deçà du phare est le petit bois de cette ile.

Pl. III

Chausey, ilots du coté de l'ouest. — C'est de la partie septentrionale de la Grande-Ile, et au commencement du reflux, que j'ai
pris cette vue photographique. Lorsque la mer est pleine, une
partie de ces ilots sont submergés ; et ils le sont presque tous
par les très-grandes marées.

DEUXIÈME PARTIE

RÉSULTATS ZOOLOGIQUES
DU VOYAGE

Tenant, comme je l'ai dit dans la préface, à recueillir des animaux de la plupart des classes, il en résulte évidemment que, pour chacune d'elles, la liste des espèces est beaucoup plus restreinte qu'elle ne l'eût été si j'avais consacré tout mon temps à la récolte d'animaux n'appartenant qu'à un petit nombre de groupes. Il convient d'ajouter que l'énumération suivante ne renferme pas le nom de toutes les espèces que j'ai recueillies. En effet, une certaine quantité d'animaux : les Bryozoaires, plusieurs espèces de Crustacés amphipodes, les Pycnogonides, etc., ne sont, pour divers motifs, pas encore déterminés. J'en indiquerai la plus grande partie, sinon la totalité, dans le rapport de ma seconde campagne zoologique sur le littoral normand, que j'ai faite, pendant l'été de 1894, dans la région de Grandcamp-les-Bains (Calvados) et aux îles Saint-Marcouf (Manche).

Pour les renseignements sur les endroits indiqués dans cette deuxième partie de mon compte rendu, je prie le lecteur de vouloir bien se reporter à la première.

SPONGIAIRES

Je dois la détermination des dix-neuf espèces suivantes à M. Émile Topsent :

Chalinula Montagui Flem. — Région marine de Granville ; et Granville et îles Chausey, à mer basse ; sur des pierres, des algues et des Crabes vivants, immergés.

Halichondria panicea Pall. — Région marine de Granville, sur des pierres et des algues immergées.

Halichondria membrana Bwk. — Région marine de Granville, sur des algues immergées.

Reniera cinerea Grant. — Région marine de Granville, sur des Crabes vivants immergés.

Reniera indistincta Bwk. — Région marine de Granville ; et îles Chausey, à mer basse ; sur des algues immergées.

Reniera simulans Johnst. — Région marine de Granville, sur des algues, des pierres et des Crabes vivants, immergés.

Reniera viscosa Tops. — Région marine de Granville, sur des pierres immergées.

Gellius angulatus Bwk. — Région marine de Granville, sur des pierres immergées.

Esperella modesta O. Schm. — Iles Chausey, à mer basse, sur des pierres immergées.

Esperella macilenta Bwk. — Iles Chausey, à mer basse, sur des pierres et des algues immergées.

Esperiopsis Edwardi Bwk. — Région marine de Granville, sur des coquilles immergées de Mollusques lamellibranches.

Dendoryx incrustans Esper. — Région marine de Granville, sur des algues immergées.

Myxilla irregularis Bwk. — Région marine de Granville ; et îles Chausey, à mer basse ; sur des algues et des coquilles immergées de Mollusques lamellibranches.

Plumohalichondria plumosa Mont. — Région marine de Granville ; et Granville, à mer basse ; sur des pierres, des algues et des coquilles immergées de Mollusques lamellibranches.

Echinoclathria seriata Grant. — Région marine de Granville ; et îles Chausey, à mer basse ; sur des pierres et des coquilles immergées de Mollusques lamellibranches.

Hymeniacidon caruncula Bwk. — Région marine de Granville ; et îles Chausey, à mer basse ; sur des pierres, des algues et des coquilles immergées de Mollusques lamellibranches.

Suberites ficus Johnst. — Région marine de Granville ; et îles Chausey, à mer basse ; sur des coquilles immergées de Mollusques gastéropodes.

Suberites sulphureus Bwk. — Iles Chausey, à mer basse, sur des pierres immergées.

Spongelia fragilis Mont. — Région marine de Granville ; et îles Chausey, à mer basse ; sur des pierres, des coquilles de Mollusques lamellibranches et des Crabes vivants, immergés.

POLYPES

HYDROÏDES

Les cinq premières espèces ont été déterminées par M. Alfred Bétencourt, et la dernière par M. Alfred Giard :

Antennularia ramosa Lm. — Région marine de Granville.

Sertularia abietina L. — Région marine de Granville.

Sertularia cupressina L. — Région marine de Granville.

Sertularia operculata L. — Région marine de Granville.

Hydrallmania falcata L. — Région marine de Granville.

Hydractinia echinata Flem. — Sur différentes espèces de coquilles de Mollusques gastéropodes habitées par des Paguriens; région marine de Granville.

ACALÈPHES

Au cours de mes dragages dans la région marine de Granville, pendant l'été de 1893, qui fut très-chaud en Normandie, j'ai récolté les trois espèces suivantes, dont la détermination a été faite par M. Jules Bonnier :

Chrysaora isosceles Eschz. — En petit nombre.

Cyanea capillata Eschz. — En petit nombre.

Rhizostoma Cuvieri P. et L. — En très-grand nombre. J'en ai manié des douzaines d'individus, de taille très-différente, sans éprouver la moindre sensation urticante. (Dans la partie concernant les Poissons, je décris les rapports que j'ai observés entre des jeunes Saurels communs et ce Rhizostome).

Observat. — Chez ces trois espèces de Discoméduses, j'ai récolté de nombreux individus, à tous les âges, de l'*Hyperia galba* Mont., Crustacé isopode sur lequel je donne quelques détails éthologiques dans la partie relative à ces Crustacés.

Les pêcheurs de Granville appellent vulgairement ces Discoméduses des *Cailles*.

ACTINIAIRES

Je dois à M. Alfred Giard la détermination des deux espèces suivantes :

Anemonia sulcata Penn. (*Anthea cereus* Johnst.). — Iles Chausey, à mer basse; très-commune.

Sagartia parasitica Couch. — Cette espèce est commune dans la région marine de Granville. Elle vit fixée, au nombre d'une et parfois de deux, sur des coquilles de Buccin ondé (*Buccinum undatum* L.) abritant un Pagurien (*Eupagurus bernhardus* L.); association fort curieuse et bien connue. Cet Actiniaire est désigné sous le nom vulgaire de *Fondement* par les pêcheurs de Granville.

ÉCHINODERMES

La détermination des cinq espèces suivantes a été faite par M. René Kœhler :

Cribrella oculata Link. — Région marine de Granville; un exemplaire jeune.

Asterina gibbosa Penn. — Iles Chausey, à mer basse, sous des pierres immergées ; commun.

Ophioglypha albida Forb. — Région marine de Granville ; assez commun.

Amphiura squamata Chiaje. — Région marine de Granville ; et îles Chausey, à mer basse, sous des pierres immergées ; assez commun.

Ophiothrix fragilis Müll. — Région marine de Granville, uniquement de jeunes individus ; assez commun.

OBSERVAT. — Il est intéressant de faire remarquer que je n'ai pas récolté un seul individu d'*Asterias rubens* L., espèce si abondante sur un grand nombre de points du littoral de la Normandie. Je dois ajouter que, pour cette espèce, la question d'époque ne saurait être invoquée.

CRUSTACÉS

COPÉPODES

Toutes les espèces suivantes de Copépodes, — sauf le *Lepeophtheirus Nordmanni* M.-E. et le *Cecrops Latreillei*

Leach, dont je dois la détermination à M. Carl Claus, — ont été déterminées par M. Eugène Canu, qui a eu la grande obligeance de rédiger pour ce compte rendu une importante note sur mes récoltes de Copépodes et d'Ostracodes. Cette note se trouve dans la partie terminale de ce rapport, et j'y renvoie le lecteur pour tous les détails concernant chaque espèce.

Comme on le voit, plusieurs de ces récoltes sont fort intéressantes ; je ne me suis cependant pas attaché d'une façon spéciale à recueillir des Copépodes, et ce résultat n'est dû qu'au petit nombre de recherches dont ces animaux ont été l'objet sur les côtes françaises de la Manche.

Voici les 28 espèces de Copépodes en question :

Calanus finmarchicus Gunn.

Paracalanus parvus Claus.

Pseudocalanus elongatus Boeck. — Espèce nouvelle pour la Normandie.

Centropages hamatus Lillj. — Espèce nouvelle pour la Normandie.

Isias clavipes Boeck.

Labidocera Wollastoni Lubb.

Pontella Lobiancoi Giesbr. — Espèce nouvelle pour la Normandie.

Parapontella brevicornis Lubb. — Espèce nouvelle pour la Normandie.

Acartia Clausi Giesbr.

Acartia discaudata Giesbr.

Thorellia brunnea Boeck. — Espèce nouvelle pour la Normandie.

Cyclopina gracilis Claus.

Zaus spinosus Claus.

Alteutha bopyroides Claus.

Alteutha depressa W. Baird. — Espèce nouvelle pour la France.

Oniscidium robustum Claus. — Espèce nouvelle pour la France.

Porcellidium fimbriatum Claus. — Espèce nouvelle pour la Normandie.

Ectinosoma minutum Claus. — Espèce nouvelle pour la Normandie.

Euterpe acutifrons Dana. — Espèce nouvelle pour la Normandie.

Thalestris mysis Claus. — Espèce nouvelle pour la France.

Idya furcata W. Baird.

Laophonte serrata Claus.

Ilyopsyllus coriaceus B. et R. — Espèce nouvelle pour la Normandie.

Lichomolgus agilis Leyd. — Espèce nouvelle pour la Normandie.

? Paranthessius anemoniae Claus. — Ce genre n'avait pas encore été signalé sur les côtes de France.

Acontiophorus scutatus B. et R. — Espèce nouvelle pour la Normandie.

Lepeophtheirus Nordmanni M.-E. — De nombreux individus de cette espèce étaient fixés sur la peau de l'Orthagorisque môle dont il est question dans la partie relative aux Poissons.

Cecrops Latreillei Leach. — J'ai trouvé plusieurs individus de cette espèce sur les branchies de cet Orthagorisque môle.

OSTRACODES

Les trois espèces qui suivent ont été déterminées par M. Eugène Canu, et, pour tous les détails les concernant, je renvoie le lecteur à sa note publiée dans la partie terminale de ce rapport :

Cythere lutea Müll. — Espèce nouvelle pour la Normandie.

Loxoconcha impressa W. Baird.

Cytherois Fischeri G.-O. Sars.

AMPHIPODES

Je dois à M. Jules Bonnier la détermination des onze espèces suivantes d'Amphipodes :

Podocerus falcatus Mont. — Région marine de Granville.

Amphitoe rubricata Mont. — Région marine de Granville.

Leucothoe spinicarpa Abildg. — Iles Chausey, à mer basse, dans l'eau.

Melita gladiosa Bate. — Région marine de Granville.

Maera Othonis M.-E. — Région marine de Granville.

Gammarus marinus Leach. — Iles Chausey, à mer basse, dans l'eau.

Paratylus vedlomensis Bate. — Iles Chausey, à mer basse, dans l'eau.

Dexamine spinosa Mont. — Région marine de Granville ; et îles Chausey, à mer basse, dans l'eau ; commun.

Talitrus locusta Pall. — Granville, à mer basse.

Orchestia littorea Mont. — Granville, à mer basse.

Hyperia galba Mont. — J'ai récolté de nombreux exemplaires de cet Amphipode, à tous les âges, dans les trois espèces d'Acalèphes (*Rhizostoma Cuvieri* P. et L., *Cyanea capillata* Eschz. et *Chrysaora isosceles* Eschz.) que j'ai recueillies dans la région marine de Granville. Ces petits Crustacés se glissent dans les cavités de ces Discoméduses, où on les voit très-bien, par suite de la transparence de ces dernières. Il n'y a aucun rapport entre la taille des exemplaires de cet Amphipode et la grosseur des Discoméduses où ils se réfugient; car l'on trouve tout aussi bien de gros individus de cette Hypérie chez des jeunes de ces Discoméduses, que de petits individus chez des exemplaires de forte taille, et que de gros individus chez de grands exemplaires de ces Acalèphes. Ce fait de la présence de l'*Hyperia galba* Mont. chez des Discoméduses, connu depuis très-longtemps, est un cas de protection bien intéressant. Ces petits Crustacés sont, dans les Discoméduses, à l'abri de leurs ennemis, qui ne mangent pas ces animaux gélatineux et urticants ; mais je ne pense pas que les Discoméduses tirent aucun avantage de la présence de ces petits Crustacés, qui s'introduisent dans leurs cavités. Il convient d'ajouter que la Discoméduse joue, dans cette relation, un rôle absolument passif.

M. Jules Bonnier a conservé plusieurs autres espèces de Crustacés amphipodes, animaux dont la spécification est fréquemment difficile, et pense qu'il pourra les déterminer avec certitude à l'aide d'un mémoire fort important dont il attend la publication.

ISOPODES

· La détermination des quinze espèces suivantes d'Isopodes a été faite par MM. Adrien Dollfus et Jules Bonnier :

Porcellio scaber Latr. — J'ai recueilli à Chausey, dans la Grande-Ile, quelques individus de cette espèce très-commune.

Philoscia Couchi Kinah. — A Chausey, dans la Grande-Ile, j'ai récolté plusieurs individus de cette espèce terrestre, mais vivant au bord de la mer.

Ligia oceanica L. — Cette espèce est très-commune à Granville et dans le petit archipel Chausey, comme elle l'est, d'ailleurs, sur tout le littoral normand. On la trouve, dans la zone du balancement des marées et au-dessus, sous les pierres, et sous les algues et les Zostères rejetées par les vagues sur le rivage, ainsi que dans les fentes et courant à la surface des rochers.

Cymodocea truncata Leach. — J'ai récolté dans la région marine de Granville, et aux îles Chausey, à mer basse, dans l'eau, un grand nombre d'exemplaires de cette espèce qui, à ma connaissance, n'avait pas encore été signalée dans le département de la Manche.

Sphaeroma serratum F. — J'ai recueilli cette espèce à Granville, dans des flaques d'eau formées par le reflux.

Sphaeroma rugicauda Leach. — C'est en très-grand nombre que j'ai recueilli au bord de l'anse de Bréhal, à Bricqueville-sur-Mer (Manche), dans des fossés contenant de l'eau saumâtre, et remplis par l'eau de mer pendant les grandes marées, cette espèce qui n'avait point encore, que je sache, été indiquée dans le département de la Manche.

Idotea tricuspidata Desm. — Région marine de Granville.

Idotea pelagica Leach. — Région marine de Granville.

Idotea linearis L. — Région marine de Granville.

Janira maculosa Leach. — Région marine de Granville.

Asellus aquaticus L. — Cette espèce très-commune existe dans la Mare de Bouillón.

Pleurocrypta intermedia G. et B. — Infestant une partie des *Galathea intermedia* Lillj. (Crustacé décapode) de la région marine de Granville; peu commun.

Bopyrus Fougerouxi G. et B. — Infestant une partie des *Palaemon serratus* Penn. (Crustacé décapode) de la région marine de Granville et des îles Chausey; commun.

Bopyrina varians G. et B. — Infestant une partie des *Hippolyte varians* Leach (Crustacé décapode) de la région marine de Granville et des îles Chausey; assez commun.

Apseudes Latreillei M.-E. — J'ai récolté, dans la région marine de Granville, plusieurs individus de cette espèce qui, je le crois, est nouvelle pour le département de la Manche.

SCHIZOPODES

Les cinq espèces suivantes de Schizopodes ont été déterminées par M. Jules Bonnier :

Siriella armata M.-E. — Région marine de Granville; assez commun. Je ne pense pas que cette espèce ait déjà été indiquée en Normandie.

Siriella norvegica G.-O. Sars. — Iles Chausey, à mer basse, dans l'eau. Cette espèce n'avait pas encore, à ma connaissance, été signalée en Normandie.

Mysis flexuosa Müll. — Région marine de Granville; et Granville et îles Chausey, à mer basse, dans l'eau; très-commun. On trouve parfois, dans des flaques d'eau formées par le reflux, un nombre considérable d'individus de cette espèce.

Mysis neglecta G.-O. Sars. — Iles Chausey, à mer basse, dans l'eau ; commun. Cette espèce n'avait pas encore, que je sache, été signalée en Normandie.

Mysis relicta G.-O. Sars. — Région marine de Granville. Cette espèce est, je le crois, nouvelle pour la Normandie.

DÉCAPODES

Les vingt-cinq espèces suivantes de Décapodes ont été déterminées par M. Jules Bonnier :

Virbius viridis Otto. — Région marine de Granville ; assez commun.

Palaemon squilla L. — Iles Chausey, à mer basse, dans l'eau ; commun.

Palaemon serratus Penn. — Région marine de Granville ; et îles Chausey, à mer basse, dans l'eau. Cette espèce, qui est l'objet d'une pêche régulière et fructueuse, est appelée très-généralement et à tort « crevette », nom qu'il faut réserver aux espèces du genre *Crangon*. Une partie de ces *Palaemon serratus* sont infestés par le *Bopyrus Fougerouxi* G. et B. (Crustacé isopode).

Hippolyte varians Leach. — Région marine de Granville ; et Granville et îles Chausey, à mer basse, dans l'eau ; très-commun. Une partie des individus de cette espèce sont infestés par le *Bopyrina varians* G. et B. (Crustacé isopode).

Hippolyte Cranchi Leach. — Région marine de Granville ; commun. Cette espèce n'avait pas encore, que je sache, été signalée dans le département de la Manche.

Nika edulis Risso. — Région marine de Granville.

Athanas nitescens Leach. — Région marine de Granville. Cette espèce est, je le crois, nouvelle pour le département de la Manche.

Crangon fasciatus Risso. — Région marine de Granville ; et îles Chausey, à mer basse, dans l'eau. Je ne sache pas que cette espèce ait été déjà signalée en Normandie.

Homarus vulgaris M.-E. — Le Homard vulgaire est assez commun dans les parties rocheuses de la région marine de Granville et aux îles Chausey. Dans ce petit archipel, on en fait une pêche régulière, mais bien moins fructueuse qu'elle l'était jadis, pour cette double raison qu'à Chausey il y a maintenant beaucoup moins de Homards et beaucoup moins de pêcheurs. « Le nombre des Homards que chaque famille de pêcheurs prend dans une saison, écrivait A. de Quatrefages (Op. cit., p. 32), peut être évalué à mille ou douze cents. Ainsi, Chausey expédie annuellement huit à neuf mille de ces Crustacés, dont le produit, payé à Coutances, est de 10 à 12.000 francs. On voit que chaque maître pêcheur retire à peine 13 à 1.400 francs de cette rude campagne, qui dure près de neuf mois ». Aujourd'hui, on ne compte plus que par centaines les Homards que l'on prend annuellement aux îles Chausey.

Observat. — La capture d'une Langouste vulgaire (*Palinurus vulgaris* Latr.) dans la région marine de Granville et aux îles Chausey est un fait très-exceptionnel, et il est fort probable que parmi le très-petit nombre d'exemplaires qui ont été pris, plusieurs étaient des individus échappés des viviers littoraux où les marchands de Granville conservent les Langoustes qu'ils reçoivent.

Galathea intermedia Lillj. — Région marine de Granville ; assez commun. Une partie des individus de cette espèce sont infestés par le *Pleurocrypta intermedia* G. et B. (Crustacé isopode).

Porcellana longicornis Penn. — Région marine de Granville; et îles Chausey, à mer basse, dans l'eau; très-commun.

Anapagurus laevis W. Thomps. — Région marine de Granville.

Pagurus Hyndmanni W. Thomps. — Région marine de Granville.

Eupagurus bernhardus L. — Région marine de Granville; très-commun. J'ai souvent trouvé, fixés sur des coquilles de *Buccinum undatum* L. habitées par ce Pagurien, un, et, parfois, deux exemplaires de *Sagartia parasitica* Couch (Actiniaire), cas de symbiose des plus intéressants et très-bien connu. En mettant dans une terrine remplie d'eau de mer plusieurs individus, logés dans des coquilles de Buccin ondé, de cet Eupagure, j'ai constaté bientôt son tempérament batailleur.

Portunus puber L. — Région marine de Granville; commun.

Carcinus maenas Penn. — Granville et ses environs, et îles Chausey; dans la zone du balancement des marées; très-commun. Cette espèce très-vulgaire est désignée sous les noms de *Crabe verte* et de *Crabe courraisse* par les pêcheurs de ces localités.

Pilumnus hirtellus L. — Région marine de Granville; et îles Chausey, à mer basse, dans l'eau; assez commun.

Eurynome aspera Penn. — Région marine de Granville.

Maïa squinado Hbst. — Région marine de Granville; commun. Ce Crabe est d'un fort paisible tempérament. Il est désigné sous le nom de *Crabe de moie* par les pêcheurs granvillais.

Pisa tetraodon Penn. — Région marine de Granville; commun.

Pisa Gibsii Leach. — Région marine de Granville; un individu jeune.

Inachus scorpio F. — Région marine de Granville.

Inachus dorhynchus Leach. — Région marine de Granville.

Stenorhynchus rostratus L. — Région marine de Granville; très-commun; et iles Chausey, à mer basse, dans l'eau; peu commun.

Stenorhynchus tenuirostris Leach. — Région marine de Granville, et iles Chausey, à mer basse, dans l'eau; peu commun.

ARACHNIDES

ARANÉIDES

Je dois la détermination des cinq espèces suivantes à M. Eugène Simon :

Epeira adianta Walck. — Grande-Ile de Chausey.

Tetragnatha extensa L. — Grande-Ile de Chausey.

Tmeticus silvaticus Blackw. — Grande-Ile de Chausey.

Argyroneta aquatica Clerck. — Mare de Bouillon.

Drassodes lapidosus Walck. — Grande-Ile de Chausey.

ACARIENS

Les vingt-trois espèces et variétés suivantes d'Acariens marins ont été déterminées par M. E. Trouessart, qui a eu la grande obligeance de rédiger, à mon intention, un remarquable mémoire inséré dans la partie terminale de ce compte rendu, mémoire auquel je renvoie le lecteur pour tous les détails relatifs à chaque espèce.

Comme on le voit, certaines de mes récoltes en Acariens marins présentent un grand intérêt. Ce résultat n'est point dû à des recherches toutes spéciales de ma part, mais au petit nombre de celles que, jusqu'alors, on a faites sur ces animaux sur les côtes françaises de la Manche.

Rhombognathus pascens Lohm.

Rhombognathus Seahami Hodge.

Rhombognathus magnirostris Trt.

Simognathus leiomerus Trt. — Espèce nouvelle pour la science.

Halacarus striatus Lohm. — Espèce nouvelle pour la Normandie.

Halacarus spinifer Lohm.

Halacarus ctenopus Gosse. — Espèce nouvelle pour la Normandie.

Halacarus actenos Trt. — Espèce nouvelle pour la Normandie.

Halacarus anomalus Trt. — Espèce nouvelle pour la science.

Halacarus Fabricii Lohm.

Halacarus glyptoderma Trt. — Espèce nouvelle pour la Normandie.

Halacarus rhodostigma Gosse.

Halacarus tabellio Trt.

Halacarus oculatus Hodge.

Halacarus gracilipes Trt.

Halacarus gibbus Trt. var. **britannica** Trt. — Variété nouvelle pour la Normandie.

Halacarus gibbus Trt. var. **remipes** Trt. — Variété nouvelle pour la Normandie.

Halacarus Chevreuxi Trt.

Agaue brevipalpus Trt.

Agaue microrhyncha Trt.

Leptognathus falcatus Hodge.

Leptognathus Kervillei Trt. — Espèce nouvelle pour la science.

Scaptognathus Hallezi Trt. — Espèce nouvelle pour la Normandie.

MYRIOPODES

Les quatre espèces suivantes ont été déterminées par M. Robert Latzel :

Geophilus gracilis Mein. — Sous des pierres au bord de la mer, Grande-Ile de Chausey.

Scolioplanes maritimus Leach. — Sous des pierres au bord de la mer et sous des végétaux pourrissants rejetés par les vagues, Grande-Ile de Chausey.

Les recherches que j'ai faites à l'égard de cette espèce en différents points du littoral de la Normandie [Grande-Ile de Chausey (Manche) ; iles Saint-Marcouf (Manche) ; et région de Grandcamp-les-Bains (Calvados)], m'ont appris que cette espèce y est commune dans la partie tout à fait supérieure de la zone du balancement des marées, et un peu au-dessus de cette zone. Dans les localités en question, j'ai trouvé le *Scolioplanes maritimus* Leach dans d'étroites fissures des pierres constituant les rochers et les falaises, sous des pierres, derrière la couche superficielle, fendillée et légèrement soulevée, des falaises argileuses, et sous des végétaux pourrissants rejetés par les vagues.

Quelques-unes des très-intéressantes expériences physiologiques faites par Félix Plateau (Op. cit., p. 239) ont montré que des Géophiles terrestres (*Geophilus longicornis* Leach), animaux tout à fait voisins des *Scolioplanes*, peuvent souvent supporter, sans inconvénient, une immersion dans l'eau de mer se prolongeant pendant douze heures, c'est-à-dire pendant la durée d'une marée entière; et il n'est pas douteux que le *Scolioplanes maritimus* Leach possède au moins la même résistance. Cependant, j'ai tout lieu de croire que, sauf dans des cas accidentels, les individus de cette espèce ne sont pas immergés au moment de la pleine mer, et qu'ils sont protégés contre l'immersion dans l'eau salée, soit par les pierres derrière lesquelles ils se tiennent, soit par la couche d'air qui reste emprisonnée dans les trous de la partie inférieure des pierres submergées à mer haute, trous où ils se réfugient.

D'après mes observations, le *Scolioplanes maritimus* Leach vit surtout dans les fissures étroites des pierres, des rochers et des falaises, sous des pierres, et derrière la couche superficielle et fendillée des falaises argileuses, en des points qui sont rendus humides par l'eau de mer. On le trouve aussi, mais moins souvent, sous des végétaux pourrissants rejetés par les vagues.

Lithobius glabratus C.-L. Koch. — Sous des pierres, Grande-Ile de Chausey.

Lithobius forficatus L. — Sous des pierres, Grande-Ile de Chausey.

INSECTES

Je n'ai consacré que quelques heures à la récolte des Insectes, pour cette double raison que je tenais à m'occuper surtout de la faune marine, et que la plupart des

Insectes que l'on trouve dans le voisinage et au bord de la mer, appartiennent à des espèces de l'intérieur des terres, en dehors, par cela même, du cadre de ces *Recherches sur les faunes marine et maritime de la Normandie*. Il en résulte que brève est l'énumération suivante de ces Arthropodes.

Presque tous les Insectes terrestres indiqués dans cette énumération ont été pris dans la Grande-Ile de Chausey, et le fait qu'ils ont été récoltés dans une ile est, pour le plus grand nombre d'entre eux, le seul motif qui me les fait citer. Je dois ajouter que malgré la faible distance qui sépare la Grande-Ile d'avec le continent (trois lieues environ), et, par suite, la grande possibilité de l'apport de plusieurs d'entre eux, soit par le vent, soit par les bateaux qui viennent fréquemment de la côte, et aussi de la venue de quelques-uns au moyen de leurs ailes, je pense que tous ou presque tous les Insectes que j'ai capturés dans la Grande-Ile de Chausey étaient aborigènes.

Les Coléoptères ont été déterminés par MM. Albert Fauvel et Maurice Régimbart, le seul Hyménoptère par M. Ernest André, les Lépidoptères par M. H. Lhotte, les Hémiptères par MM. Gustave Fallou et Auguste Puton, et les larves marines du Diptère par M. Josef Mik.

COLÉOPTÈRES

29 *espèces et* 1 *variété :*

Coccinella septempunctata L. — Grande-Ile de Chausey.

Longitarsus melanocephalus Geer. — Grande-Ile de Chausey.

Phaleria cadaverina F. — Grande-Ile de Chausey ; au bord de la mer, sous des végétaux pourrissants rejetés par les vagues ; assez nombreux exemplaires.

Potosia morio F. — Grande-Ile de Chausey.

Cetonia aurata L. — Grande-Ile de Chausey.

Paederus caligatus Er. — Grande-Ile de Chausey. Espèce assez rare en Normandie.

Cafius sericeus Holme. — Grande-Ile de Chausey; au bord de la mer, sous des végétaux pourrissants rejetés par les vagues. Espèce maritime.

Cafius xantholoma Grav. var. **variolosa** Sharp. — Grande-Ile de Chausey; au bord de la mer, sous des végétaux pourrissants rejetés par les vagues; nombreux exemplaires. Variété maritime.

Heterothops binotata Grav. — Grande-Ile de Chausey; au bord de la mer, sous des végétaux pourrissants rejetés par les vagues. Espèce maritime, assez rare en Normandie.

Polystoma algarum Fauv. — Grande-Ile de Chausey; au bord de la mer, sous des végétaux pourrissants rejetés par les vagues. Espèce maritime.

Aleochara crassicornis Lacord. — Grande-Ile de Chausey; au bord de la mer, sous des végétaux pourrissants rejetés par les vagues.

Hydrochus nitidicollis Muls. (*H. impressus* Rey). — Mare de Bouillon.

J'ai capturé le 27 juillet 1893, en pêchant au filet fin sur le bord de la Mare de Bouillon, un exemplaire d'*Hydrochus nitidicollis* Muls. Cet exemplaire a été déterminé par M. Albert Fauvel sur un type reçu jadis de Mulsant; de plus, M. Albert Fauvel avait reconnu l'identité de ce Coléoptère et de l'*Hydrochus impressus* Rey, grâce à un type que ce dernier lui avait communiqué. Cette espèce est nouvelle, non-seulement pour la faune de la Normandie, mais aussi pour la faune du bassin de la Seine, et la Mare de

Bouillon est le point le plus septentrional où elle a été signalée en France [1].

Helophorus minutus Ol. (*H. Erichsoni* Bach). — Mare de Bouillon.

Cercyon depressus Steph. — Grande-Ile de Chausey ; au bord de la mer, sous des végétaux pourrissants rejetés par les vagues ; nombreux exemplaires. Espèce maritime, assez rare en Normandie.

Cercyon littoralis Gyll. — Grande-Ile de Chausey ; au bord de la mer, sous des végétaux pourrissants rejetés par les vagues ; nombreux exemplaires. Espèce maritime.

Cymbiodyta marginella F. — Mare de Bouillon.

Philydrus affinis Thunb. — Mare de Bouillon.

Philydrus testaceus F. — Mare de Bouillon ; un exemplaire. Espèce assez rare en Normandie et nouvelle pour le département de la Manche.

Hydrous piceus L. — Mare de Bouillon ; un exemplaire mort.

Gyrinus natator Ahr. — Grande-Ile de Chausey, dans une petite mare d'eau douce.

Acilius sulcatus L. — Grande-Ile de Chausey, dans une petite mare d'eau douce.

Noterus sparsus Marsh. (*N. semipunctatus* Er.). — Mare de Bouillon.

Noterus clavicornis Geer. (*N. crassicornis* Müll.). — Mare de Bouillon ; plusieurs exemplaires. Espèce rare en Normandie.

Hydroporus palustris L. — Mare de Bouillon.

(1) Annal. de la Soc. entomol. de France, séance du 11 juillet 1894.

Hygrotus inaequalis F. — Mare de Bouillon.

Oxynoptilus clypealis Sharp. — Mare de Bouillon. Espèce d'eau douce et d'eau saumâtre, très-rare en Normandie.

Haliplus ruficollis Geer. — Mare de Bouillon.

Dichirotrichus pubescens Payk. — Bord de l'anse de Bréhal, à Bricqueville-sur-Mer (Manche). Espèce maritime.

Platynus ruficornis Goeze. — Grande-Ile de Chausey, au bord de la mer.

Pogonus littoralis Duft. — Bord de l'anse de Bréhal, à Bricqueville-sur-Mer (Manche). Espèce maritime, rare en Normandie et nouvelle pour le département de la Manche.

HYMÉNOPTÈRES

Scolia hirta Schrnk. — Grande-Ile de Chausey.

LÉPIDOPTÈRES

5 *espèces :*

Euchelia Jacobaeae L. — Grande-Ile de Chausey; chenilles vivant en société sur le Seneçon de Jacob (*Senecio Jacobaea* L.).

Zygaena lonicerae Esp. ou **Z. trifolii** Esp. — Grande-Ile de Chausey; un exemplaire. Au sujet de cet individu, M. L. Dupont m'a écrit les intéressantes lignes qui suivent : « Je viens d'examiner avec le plus grand soin la Zygène en question; je regrette de ne pas être du même avis que M. H. Lhotte, dont l'opinion a, certes, beaucoup de poids; mais je crois bien que nous avons affaire à *Z. trifolii* Esp. et non à *Z. lonicerae* Esp. Ma conviction n'est pas absolue, car, plus j'étudie ces espèces, plus je crois nécessaire, pour leur détermination, d'avoir devant soi une série d'exemplaires de même provenance : la plupart, en

7

effet, présentent des caractères bien tranchés, et les autres se rattachent par des passages au type dominant. C'est ainsi que je puis assurer qu'à la côte des Deux-Amants (versant de l'Andelle) (Eure), il n'y a que *Z. trifolii*, quoique certains exemplaires regardés isolément puissent embarrasser. Je ne suis pas sûr, du reste, que *Z. lonicerae* existe vraiment dans la région circa-rouennaise. Pour en revenir à votre exemplaire, sa taille relativement petite, la bordure assez large de ses ailes inférieures, etc., me paraissent en faire une *Z. trifolii*. Il est fâcheux qu'il soit privé d'antennes, parce qu'elles aideraient à sa détermination, étant plus minces et plus effilées chez *Z. lonicerae*, plus courtes et plus massives chez *Z. trifolii* ».

Epinephele Tithonus L. — Grande-Ile de Chausey.

Epinephele Janira L. — Grande-Ile de Chausey.

Satyrus Semele L. — Grande-Ile de Chausey.

HÉMIPTÈRES

10 *espèces et* 1 *variété :*

Athysanus plebejus Zett. — Grande-Ile de Chausey.

Athysanus obsoletus Kirschb. — Grande-Ile de Chausey.

Gerris gibbifera Schumm. — Grande-Ile de Chausey, sur une petite mare d'eau douce.

Gerris argentata Schumm. — Mare de Bouillon.

Lygus campestris F., variété. — Grande-Ile de Chausey ; un exemplaire. « Cette variété d'un insecte des plus vulgaires est assez rare ; le dessin noir y est à son maximum de développement ». [Note de M. Auguste Puton].

Naucoris maculatus F. — Mare de Bouillon ; nombreux exemplaires.

Nepa cinerea L. — Mare de Bouillon.

Corixa Geoffroyi Leach. — Mare de Bouillon.

Corixa Linnei Fieb. — Mare de Bouillon ; nombreux exemplaires.

Corixa fossarum Leach. — Mare de Bouillon.

Corixa coleoptrata F. — Mare de Bouillon.

DIPTÈRES

J'ai récolté à Chausey, près de la partie septentrionale de la Grande-Ile, sous une pierre submergée à chaque marée, un certain nombre de larves d'un Diptère du groupe des Muscidés acalyptérés, qui, d'après M. Josef Mik, sont probablement celles d'un *Actora*. L'intérêt que présente cette larve marine m'a fait publier à son égard une note, avec trois figures, dans les Annales de la Société entomologique de France, note que je crois bon de reproduire en entier dans la partie terminale de ce compte rendu.

VERS

Je dois à M. A. Malaquin la détermination des Polychètes, à M. Alfred Giard celle des Géphyriens, et à M. Raphaël Blanchard celle des Hirudinées, du Trématode et des Cestoïdes.

POLYCHÈTES

19 *espèces :*

TUBICOLES

Armandia polyophthalma Kükent. — Région marine de Granville.

Audouinia tentaculata Mont. — Espèce très-commune aux îles Chausey, dans les sables vaseux que le reflux laisse à découvert.

Arenicola marina L. — L'Arénicole des pêcheurs est très-commun à Granville et aux environs, et aux îles Chausey, dans les sables vaseux qui sont découverts à mer basse. Ce Polychète est désigné sous le nom vulgaire de *Ver de sable* par les pêcheurs de ces localités.

Sabellaria alveolata Sav. — Région marine de Granville.

Sabella pavonia Sav. — Espèce commune dans la région marine de Granville.

Spirorbis borealis Daud. (*S. communis* Flem.). — Espèce extrêmement abondante dans la région marine de Granville, à Granville et aux iles Chausey, sur les algues, les pierres, etc., qui sont constamment ou temporairement submergées par la mer.

ERRANTS

Hermione hystrix Sav. — Région marine de Granville ; un exemplaire.

Lepidonotus squamatus L. — Région marine de Granville.

Halosydna gelatinosa Sars. — Région marine de Granville ; et iles Chausey, à mer basse, sous les pierres immergées.

Lagisca extenuata Gr. — Espèce commune dans la région marine de Granville ; et aux iles Chausey, à mer basse, sous les pierres immergées.

Polynoe scolopendrina Sav. — Iles Chausey, à mer basse, sous les pierres immergées.

Eunice Harassei [1] Aud. et M.-E. — Espèce commune

---

(1) Cette espèce étant dédiée à M. Harasse, ancien propriétaire des iles Chausey, il convient, pour se conformer aux règles de la nomenclature des êtres organisés, adoptées en 1889 par le Congrès international de Zoologie, d'écrire *Harassei* etnon *Harassii*, comme il a été presque toujours indiqué.

dans la région marine de Granville, et aux îles Chausey, à mer basse, sous les pierres immergées.

Nematonereis unicornis Gr. — Iles Chausey, à mer basse, sous les pierres immergées.

Lysidice ninetta Aud. et M.-E. — Région marine de Granville.

Nereis pelagica L. — J'ai trouvé de nombreux individus de cette espèce à Bricqueville-sur-Mer (Manche), dans les sables vaseux de l'anse de Bréhal.

Leontis Dumerili Aud. et M.-E. — Région marine de Granville, et îles Chausey, à mer basse, sous les pierres immergées.

Praxithea irrorata Malmgr. — Région marine de Granville.

Eulalia splendens Saint-Joseph. — Région marine de Granville.

Nephthys caeca O. Fabr. — Espèce très-commune à Granville et aux îles Chausey, dans les sables vaseux que le reflux laisse à découvert.

GÉPHYRIENS

Phascolosoma elongatum Kef. — Région marine de Granville.

Phascolosoma margaritaceum Sars. — Région marine de Granville.

HIRUDINÉES

Hemiclepsis tessellata Müll. — Mare de Bouillon.

Glossiphonia stagnalis L. (*Hirudo bioculata* Bergm.). — Mare de Bouillon.

Glossiphonia heteroclita L. — Mare de Bouillon.

Nephelis atomaria Carena. — Mare de Bouillon.

TRÉMATODES

Tristoma molae Blanch. — Un certain nombre d'individus de cette espèce étaient fixés sur la peau de l'Orthagorisque môle que j'ai disséqué, et dont il est fait mention dans la partie concernant les Poissons.

CESTOÏDES

Anchistrocephalus microcephalus Rud. (*Bothriocephalus microcephalus* Rud.). — J'ai trouvé plusieurs individus de cette espèce dans l'appareil digestif de l'Orthagorisque môle en question.

? Anthocephalus elongatus Rud. — Le foie de cet Orthagorisque môle était lardé d'Anthocéphales appartenant probablement à cette espèce. Il est impossible, m'a écrit M. Raphaël Blanchard, qui a examiné ces exemplaires, de distinguer l'*Anthocephalus elongatus* Rud. d'une espèce très-voisine, à moins de l'avoir à l'état frais.

MOLLUSQUES

Les quatre-vingt dix-huit espèces suivantes de Mollusques ont été déterminées par MM. Arnould Locard et Paul Pelseneer :

GASTÉROPODES

Acanthochites discrepans Brown. — Région marine de Granville, et îles Chausey, à mer basse, dans l'eau.

Acanthochites fascicularis L. — J'ai récolté aux îles Chausey, à mer basse, mais en entrant dans l'eau, plusieurs individus de cette espèce.

Chiton ruber L. — J'ai recueilli, dans la région marine de Granville, plusieurs individus de cet Oscabrion, qui, à ma connaissance, n'avait pas encore été signalé en Normandie.

Chiton cinereus L. — Espèce trouvée dans la région marine de Granville.

Tectura virginea Müll. — Espèce trouvée dans la région marine de Granville.

Patella athletica W. Bean. — Cette Patelle est extrèmement commune à Granville et aux environs, et aux îles Chausey, fixée sur les pierres que le reflux met à sec. Dans ces localités, on l'appelle vulgairement *Béni*, nom sous lequel on désigne aussi les autres espèces de Patelles.

Patella vulgata L. — Cette Patelle est très-commune à Granville et aux environs, fixée sur les pierres que le reflux laisse à découvert. Dans ces localités, on la désigne, comme les autres Patelles, sous le nom vulgaire de *Béni*.

Patella hypsilotera Loc. — J'ai recueilli aux îles Chausey, à mer basse, plusieurs exemplaires de cette espèce, qui est connue, dans cette localité, sous le nom vulgaire de *Béni*, nom sous lequel on désigne aussi les autres espèces de Patelles.

Emarginula rosea Bell. — Espèce trouvée dans la région marine de Granville.

Fissurella graeca L. — Un exemplaire fixé sur une Éponge (*Suberites ficus* Johnst.) que j'ai récoltée à mer basse, dans l'eau, aux îles Chausey.

Haliotis tuberculata L. — Dans le cours de mes recherches zoologiques aux îles Chausey, des matelots m'ont apporté plusieurs exemplaires de cette espèce, qu'ils venaient d'y recueillir. Je crois que cette Haliotide, connue vulgairement, en cette localité et à Granville, sous le nom d'*Ormier*, est assez commune dans le petit archipel Chausey.

Calyptraea sinensis L. — Espèce commune dans la région marine de Granville.

Trochocochlea lineata da Costa. — Cette espèce est commune, à mer basse, aux îles Chausey, où j'ai recueilli de très-beaux échantillons, dont la coquille atteint jusqu'à 30 millimètres de hauteur.

Gibbula Pennanti Phil. — Espèce récoltée aux îles Chausey, à mer basse.

Gibbula obliquata Gm. — Espèce très-commune à Granville et aux îles Chausey, à mer basse.

Gibbula cineraria L. — Espèce récoltée à Granville et aux îles Chausey, à mer basse.

Gibbula tumida Mont. — Espèce trouvée aux îles Chausey, à mer basse.

Gibbula maga L. — Espèce commune aux îles Chausey, à mer basse.

Zizyphinus exasperatus Penn. — Région marine de Granville ; une coquille vide.

Zizyphinus aequistriatus Monter. — Espèce trouvée dans la région marine de Granville et aux îles Chausey. Cette espèce n'avait pas encore été, que je sache, indiquée en Normandie.

Zizyphinus conuloides Lm. — Espèce commune dans la région marine de Granville et aux îles Chausey. Ce Gastéropode est désigné sous le nom vulgaire de *Cathédrale* par les pêcheurs de ces localités.

Phasianella picta da Costa. — Espèce commune dans la région marine de Granville.

Phasianella pulla L. — Espèce trouvée dans la région marine de Granville.

Lacuna canalis Mont. — Espèce très-commune dans la région marine de Granville, et, à mer basse, dans l'eau, aux îles Chausey.

Littorina littorea L. — Espèce commune à Granville, à mer basse.

Littorina patula Jeffr. — Cette espèce est très-commune à Granville et aux îles Chausey, à mer basse. Elle n'avait pas encore été, que je sache, indiquée dans le département de la Manche.

Littorina rudis Maton. — Granville, à mer basse; une coquille vide.

Littorina ustulata Lm. — Espèce très-commune à Granville et aux îles Chausey, à mer basse.

Littorina obtusa L. — Espèce très-commune à Granville et aux îles Chausey, à mer basse.

Lamellaria perspicua L. — Espèce commune dans la région marine de Granville.

Natica catenata da Costa. — J'ai récolté, dans la région marine de Granville, plusieurs coquilles vides de cette espèce, ainsi que d'autres habitées par un Pagurien.

Cingula striata Mont. — Espèce récoltée aux îles Chausey, à mer basse.

Rissoa parva da Costa. — Cette espèce abonde dans la région marine de Granville et aux îles Chausey. Je l'ai récoltée par milliers d'exemplaires autour des cordages du chalut, et avec le filet fin que je promenais, à mer basse, dans les prairies de Zostère marine des îles Chausey. C'est le Mollusque le plus commun de ces localités.

Rissoa liliacina Récluz. — Espèce trouvée dans la région marine de Granville.

Peringia ulvae Penn. — J'ai recueilli une très-grande

quantité d'individus de cette espèce sur les bords de l'anse de Bréhal, à Bricqueville-sur-Mer (Manche), dans des fossés contenant de l'eau saumâtre et qui sont remplis par l'eau de mer pendant les grandes marées.

Bittium reticulatum da Costa. — Espèce commune dans la région marine de Granville, et, à mer basse, dans l'eau, aux îles Chausey.

Cerithiopsis aciculata Brus. — Espèce trouvée dans la région marine de Granville. Elle n'avait pas encore, à ma connaissance, été signalée en Normandie.

Murex aciculatus Lm. — Espèce assez commune, à mer basse, dans l'eau, aux îles Chausey.

Murex tarentinus Lm. — Cette espèce est commune dans la région marine de Granville; on la trouve aussi à Granville, dans des flaques d'eau que forme le reflux. Elle est désignée sous le nom vulgaire de *Perceur d'Huîtres* par les pêcheurs de cette ville, qui connaissent très-bien son régime molluscivore, mais croient faussement que ce *Murex* perce les Huîtres avec l'extrémité postérieure, en pointe, de sa coquille, ce qui est impossible, tandis qu'il le fait avec sa radule.

Purpura lapillina L. — Espèce très-commune à Granville et aux îles Chausey, à mer basse.

Buccinum undatum L. — Espèce commune dans la région marine de Granville. Presque toutes les coquilles vides de Buccin ondé que j'ai recueillies étaient habitées par un Eupagure bernard (*Eupagurus bernhardus* L.), et, sur beaucoup de celles où logeait ce Pagurien, étaient fixés un ou, parfois, deux individus de *Sagartia parasitica* Couch (Actiniaire).

Nassa ambigua Mont. — Région marine de Granville; une coquille vide.

Nassa valliculata Loc. — J'ai récolté dans la région marine de Granville, et, à mer basse, aux îles Chausey, quelques exemplaires de cette espèce qui, je le crois, n'avait pas encore été signalée en Normandie.

Nassa incrassata Müll. — Espèce trouvée dans la région marine de Granville.

Nassa reticulata L. — Espèce commune dans la région marine de Granville, et, à mer basse, aux îles Chausey.

Mangilia costata Penn. — Espèce récoltée aux îles Chausey, à mer basse.

Trivia pullicina Soland. — J'ai récolté, dans la région marine de Granville, cette espèce qui, à ma connaissance, n'avait pas encore été signalée en Normandie. Elle est désignée par les pêcheurs granvillais sous le nom vulgaire de *Pucelage*.

Trivia europaea Mont. — Espèce trouvée dans la région marine de Granville et dans les prairies de Zostère marine des îles Chausey. Ce Gastéropode est désigné sous le nom vulgaire de *Pucelage* par les pêcheurs de ces localités.

Philine aperta L. — Cette espèce est assez commune dans la région marine de Granville, où elle doit vivre de préférence sur certains points, car l'on récolte parfois, d'un seul coup de chalut, une petite collection d'individus de ce Gastéropode opisthobranche, que les pêcheurs granvillais désignent sous le nom vulgaire de *Chapeau de gendarme*, à cause de la forme particulière de son gésier.

Planorbis crosseanus Bourg. — J'ai récolté, dans la Mare de Bouillon, cette espèce que je crois nouvelle pour la Normandie.

Planorbis corneus L. — Espèce récoltée dans la Mare de Bouillon.

Physa fontinalis L. — Espèce récoltée dans la Mare de Bouillon.

Limnaea lacustrina Servain. — J'ai recueilli, dans la Mare de Bouillon, plusieurs exemplaires de cette espèce qui n'avait pas encore, que je sache, été signalée en Normandie.

Limnaea vulgaris C. Pf. — Grande-Ile de Chausey, dans une petite mare d'eau douce ; nombreux exemplaires. Cette espèce n'avait pas encore, à ma connaissance, été signalée en Normandie.

Alexia denticulata Mont. — J'ai trouvé sur le rivage, dans la Grande-Ile de Chausey, une coquille vide de cette espèce.

Cochlicella acuta Müll. — Espèce extrêmement commune sur différentes plantes vivant dans les sables maritimes des environs de Granville.

Helix Sylvae Servain. — Espèce extrêmement commune sur différentes plantes vivant dans les sables maritimes des environs de Granville.

Helix mucinica Bourg. — Cette espèce, qui est très-commune sur différentes plantes vivant dans les sables maritimes des environs de Granville, n'avait pas encore, à ma connaissance, été signalée en Normandie.

Helix Mendranoi Servain. — J'ai récolté à Donville (Manche), près de Granville, dans les dunes, une coquille vide de cette espèce qui, à ma connaissance, n'avait pas encore été signalée en Normandie.

Helix grannonensis Bourg. — Donville (Manche), près de Granville, dans les dunes, deux coquilles vides.

Helix fera L. et B. — Donville (Manche), près de Granville, dans les dunes ; plusieurs coquilles vides. Cette espèce n'avait pas encore été, que je sache, indiquée en Normandie.

Helix mendranopsis Loc. — J'ai récolté à Donville (Manche), près de Granville, dans les dunes, deux coquilles vides de cette espèce qui, je le crois, est nouvelle pour le département de la Manche.

Helix ericetorum Müll. — Donville (Manche), près de Granville, dans les dunes; deux coquilles vides.

Helix striata Müll. — Donville (Manche), près de Granville, dans les dunes; une coquille vide.

Pleurobranchus plumulatus Mont. — J'ai recueilli plusieurs exemplaires de cette espèce aux îles Chausey, à mer basse, dans l'eau.

Elysia viridis Mont. — Iles Chausey, à mer basse, dans l'eau.

Dendronotus arborescens Müll. — Cette espèce est peu commune dans la région marine de Granville.

Doris tuberculata Cuv. — Cette espèce est peu commune dans la région marine de Granville.

LAMELLIBRANCHES

Anomia ephippia L. — Cette espèce est extrèmement commune dans la région marine de Granville, où on la trouve fixée sur des pierres et sur des coquilles de Lamellibranches et de Gastéropodes. Elle est appelée vulgairement *Hanon* par les pècheurs granvillais.

L'Anomie pelure d'oignon (*Anomia ephippia* L.), dit A. T. de Rochebrune (Op. cit., p. 286), « est un des ennemis les plus destructeurs des bancs d'huîtres; elle est connue sous le nom de *Hanon*. Sa multiplication constitue une des principales causes de la dépopulation des bancs d'huîtres de la baie de Granville. Son amoncellement sur

certaines huîtrières atteint une hauteur de 10 à 12 centi-
mètres. Là, les Anomies se déposent en grappes concrètes
où les coquilles sont soudées les unes aux autres ».

Ostrea edulis L. — Cette espèce forme des bancs importants dans la région marine de Granville, où elle est
l'objet d'une pêche active. Une grande partie des huîtres
vendues sous le nom « d'huîtres de Cancale », sont des
huîtres provenant des environs de Granville.

J'ai récolté, dans la région marine de Granville, un
échantillon d'*Ostrea edulis* L. affectant le galbe de l'*Ostrea
adriatica* Lm., espèce qui habite la Méditerranée.

Pecten opercularis L. — Cette espèce est assez commune dans la région marine de Granville. Les pêcheurs de
cette localité la désignent sous le nom vulgaire d'*Olivette*.

Pecten varius L. — Ce Peigne est très-commun dans
la région marine de Granville, et à Granville et aux îles
Chausey, dans les flaques d'eau que produit le reflux. Les
pêcheurs de ces localités le désignent sous le nom vulgaire
de *Pétonge*.

Pecten maximus L. — J'ai recueilli seulement quelques
valves de cette espèce dans la région marine de Granville,
et, à mer basse, aux îles Chausey. Ce Peigne est désigné
sous le nom vulgaire de *Cofisch* par les pêcheurs de ces
localités.

Modiolaria marmorata Forb. — Espèce trouvée dans
la région marine de Granville.

Modiola ovalis Sow. — Espèce trouvée dans la région
marine de Granville.

Modiola barbata L. — Espèce trouvée dans la région
marine de Granville.

Mytilus retusus Lm. — J'ai récolté un exemplaire
de cette Moule à Granville, à mer basse.

Mytilus abbreviatus Lm. — J'ai recueilli un exemplaire de cette Moule à Granville, à mer basse.

Pectunculus glycimeris L. — Ce Pétoncle est assez commun dans la région marine de Granville.

Cardium norvegicum Spengl. — J'ai trouvé, dans la région marine de Granville, et à Granville sur le rivage, des valves de cette Bucarde.

Cardium nodosum Turt. — Espèce trouvée dans la région marine de Granville.

Cardium exiguum Gm. — J'ai récolté quelques valves de cette Bucarde dans la région marine de Granville.

Cardium edule L. — J'ai récolté quelques valves de cette espèce, à mer basse, aux îles Chausey.

Tapes lepidulus Loc. — J'ai recueilli des échantillons vivants de cette espèce dans la région marine de Granville, et trouvé à mer basse, à Granville et aux îles Chausey, de nombreuses valves de ce Tapes qui, à ma connaissance, n'avait pas encore été signalé en Normandie.

Tapes decussatus L. — J'ai recueilli à mer basse, aux îles Chausey, un exemplaire vivant de cette espèce.

Venus ovata Penn. — J'ai trouvé cette espèce dans la région marine de Granville.

Venus verrucosa L. — J'ai récolté un certain nombre de valves de cette espèce dans la région marine de Granville, et, à mer basse, à Granville et aux îles Chausey.

Sphaerium nucleatum Stud. — Mare de Bouillon ; quelques exemplaires. Cette espèce n'avait pas encore été signalée, que je sache, dans le département de la Manche.

Psammobia vespertina Chemn. — J'ai récolté, dans la région marine de Granville, et, à mer basse, aux îles Chausey, des valves de cette espèce.

Lutraria elliptica Lm. — Région marine de Granville ; une valve.

Lutraria oblonga Chemn. — J'ai recueilli des valves de cette espèce dans la région marine de Granville, et, à mer basse, aux îles Chausey.

Mactra helvacea Chemn. — Espèce commune dans la région marine de Granville.

Mactra gallina da Costa. — J'ai récolté dans la région marine de Granville, et à Granville, à mer basse, un grand nombre de valves de cette Mactre.

Solen siliquosa L. — J'ai trouvé, dans la région marine de Granville, des valves de cette espèce.

Solen ensis L. — Une valve recueillie dans la région marine de Granville.

Solen vagina L. — Espèce commune dans la région marine de Granville et aux îles Chausey.

CÉPHALOPODES

Sepia officinalis L. — La Seiche commune est abondante dans la région marine de Granville. Les pêcheurs de cette localité désignent vulgairement les jeunes individus sous le nom de *Sépions* et les gros sous celui de *Margades*.

Loligo Forbesi Steenstr. — Le Calmar de Forbes est peu commun dans la région marine de Granville. Il est désigné sous le nom vulgaire d'*Encornet* par les pêcheurs de cette localité.

TUNICIERS

Je dois la détermination des sept espèces suivantes de Tuniciers à M. Alfred Giard. Quant aux Ascidies solitaires, elles ne sont pas encore déterminées.

Clavelina lepadiformis Müll. — J'ai trouvé cette espèce aux iles Chausey, fixée sur des pierres immergées, dans la partie basilaire de la zone du balancement des marées.

Botryllus pruinosus Giard. — Espèce très-commune dans la région marine de Granville, fixée sur des pierres, des algues et des coquilles.

Botryllus violaceus M.-E. — Iles Chausey, sur des pierres immergées, dans la partie basilaire de la zone du balancement des marées.

Leptoclinum maculatum M.-E. — Région marine de Granville, associé à des *Botryllus pruinosus* Giard. — J'ai recueilli, dans cette région, des exemplaires de ce *Leptoclinum* associés à des *Hydractinia echinata* Flem. (Hydroïde), et fixés, les uns et les autres, sur une coquille vide d'un Gastéropode (*Murex tarentinus* Lm.) où, probablement, logeait un Pagurien. Le *Leptoclinum maculatum* M.-E. est rarement trouvé en une telle condition.

Aplidium zostericola Giard. — Iles Chausey, fixé sur des algues immergées, dans la partie basilaire de la zone du balancement des marées.

Morchellium argus M.-E. — Iles Chausey, fixé sur des pierres immergées, dans la partie basilaire de la zone du balancement des marées.

Thalia democratica-mucronata Forsk. (forme solitaire). — Iles Chausey, à mer basse, un exemplaire pêché au filet fin.

VERTÉBRÉS

POISSONS

Je ne me suis occupé que tout à fait secondairement de la récolte des Poissons, pour la raison que l'on connaît, d'une manière assez complète, les espèces qui fréquentent le littoral de la Normandie.

La détermination des vingt-et-une espèces suivantes a été faite par M. Émile Moreau. J'ajoute qu'avec des recherches spéciales, il m'eût été facile d'augmenter d'une trentaine au moins les vingt-et-une espèces en question :

Lepadogaster bimaculatus Penn. — J'ai capturé, dans la région marine de Granville, un exemplaire de ce curieux petit Poisson. Émile Moreau (Op. cit., t. III, p. 363) donne, au sujet du Lépadogastère à deux taches, cette indication : « Manche (mer), très-rare; Cherbourg? ». Par contre, A.-E. Malard (Op. cit., p. 97) le mentionne comme « très-fréquent dans les dragages au petit Nord, parmi les Antennulaires (Hydroïdes) », dans les environs de Saint-Vaast-de-la-Hougue (Manche).

Motella mustela L. — La Motelle à cinq barbillons est assez commune dans la région marine de Granville.

Gadus luscus L. — Le Gade tacaud est très-commun dans la région marine de Granville.

Ammodytes tobianus Le Sauv. — L'Ammodyte équille est très-commun dans le sable de la région marine de Granville et dans celui de la zone du balancement des marées.

Ammodytes lanceolatus Le Sauv. — Parmi un petit nombre d'Ammodytes équilles que j'achetai à un pêcheur qui venait de les capturer dans le sable du rivage, à mer basse, au nord et tout près de Granville, se trouvait un Ammodyte lançon, espèce au sujet de laquelle Émile Moreau (Op. cit., t. III, p. 218) dit ce qui suit : « Manche (mer), rare et même très-rare, Le Havre (Lennier); Caen; Cherbourg (Joüan); Agon, près Coutances (deux spécimens donnés au Muséum de Paris par Valenciennes) ». A.-E. Malard (Op. cit., p. 87) fait savoir que l'Ammodyte lançon a été indiqué par Henri Milne-Edwards sur les côtes du département de la Manche, et il signale l'existence de cette espèce aux environs de Saint-Vaast-de-la-Hougue, localité où elle est vulgairement appelée *Cigare;* mais il ne parle pas de son degré de fréquence ou de rareté dans cette région du département de la Manche.

Crenilabrus melops L. — Le Crénilabre mélope est très-commun dans la région marine de Granville, où le jeune est désigné vulgairement par les pêcheurs granvillais sous le nom de *Vra.*

Zeus faber L. — Le Zée forgeron est assez commun dans la région marine de Granville, où il est appelé vulgairement *Poule de mer* et *Poisson de Saint-Pierre* par les pêcheurs granvillais.

Trachurus omorus Lacép. (*Caranx trachurus* L.). — Espèce très-commune dans la région marine de Granville.

Dans un long et fort intéressant article sur les Poissons commensaux et parasites, publié dans *Le Naturaliste*[1], L. Cuénot dit, en parlant de Poissons associés à des Méduses, dont il décrit des exemples différents, que M. Alfred Giard a vu des jeunes du Saurel commun (*Trachurus omorus* Lacép.) associés à des Rhizostomes de Cuvier (*Rhizostoma Cuvieri* P. et L.). Ayant eu l'occasion d'observer nombre de fois et de très-près, dans la région marine de Granville, en juillet et en août 1893, cette curieuse association, je vais la dépeindre de mon mieux.

Ainsi que je l'ai dit précédemment (p. 79), le Rhizostome de Cuvier était très-commun dans cette région pendant l'été de 1893, et j'attribue surtout aux grandes et persistantes chaleurs de l'été en question, l'abondance de cette espèce sur la côte occidentale du Cotentin.

Plusieurs jours sans aucune brise, durant lesquels la surface de la mer était aussi calme que celle d'un étang, m'ont permis d'observer dans des conditions excellentes,

---

(1) Paris, n° du 1er mars 1892, p. 53 et fig. 1—5.

et de fort près, à la surface et à une très-faible profondeur, cette intéressante association de jeunes Saurels communs avec des Rhizostomes de Cuvier nageant isolément, association très-connue des pêcheurs de Granville.

Beaucoup de ces Rhizostomes, particulièrement ceux d'assez grandes dimensions, étaient accompagnés chacun d'une flottille de jeunes Saurels communs, flottille composée, soit de quelques-uns seulement, soit d'un petit nombre, soit, parfois, de plusieurs douzaines d'individus, les flottilles nombreuses accompagnant les gros Rhizostomes, et les petites étant indifféremment associées à des exemplaires gros ou de taille moyenne.

Ces jeunes Poissons nagent parallèlement au grand axe du Rhizostome et dans la même direction que cet animal. Ils se tiennent au-dessus, au-dessous, sur les côtés et en arrière de lui, mais ne s'avancent pas au-delà du sommet de son ombrelle. Ajoutons que l'on en voit fréquemment qui se sont introduits dans les cavités sous-génitales du Rhizostome et sont visibles de l'extérieur, en raison de sa transparence. Par moments, la flottille s'en écarte de quelques mètres ; mais, à la moindre alerte, immédiatement, et avec une très-grande vitesse, elle revient occuper auprès de lui sa situation précédente.

J'ai pêché de nombreux individus composant ces flottilles, et constaté que leurs longueurs étaient de 0^m,02 à 0^m,09. En outre, j'ai récolté, dans les cavités de ce Rhizostome, beaucoup d'exemplaires d'un petit Crustacé amphipode, l'*Hyperia galba* Mont., dont j'ai parlé précédemment (p. 84).

Il n'est pas douteux que les jeunes Saurels communs accompagnent les Rhizostomes de Cuvier pour se protéger par eux. En effet, cette espèce, et les autres Discoméduses, ne sont la proie d'à peu près aucun animal, à cause de leur consistance gélatineuse et de leurs propriétés urticantes, et, par ce double fait, elles créent autour d'elles, et, cela, d'une manière absolument passive, une zone de protection où les

JEUNES SAURELS COMMUNS SE PROTÈGENT PAR UN RHIZOSTOME DE CUVIER.

(1/2 de la grandeur naturelle).

jeunes de certaines espèces de Poissons et quelques petites espèces de Crustacés viennent se mettre à l'abri de leurs ennemis. Je dois ajouter que les jeunes Saurels communs se protègent aussi par d'autres Discoméduses, et que, bien avant qu'ils soient adultes, ils ne se protègent plus par ces animaux, menant alors une vie indépendante. Comme je l'ai dit plus haut, ce Poisson est très-commun dans la région marine de Granville, où il est désigné sous le nom vulgaire de *Caret* par les pêcheurs granvillais.

Avec de jeunes Saurels communs conservés dans l'alcool, les photographies que j'ai prises d'un gros Rhizostome de Cuvier, et les renseignements que je lui ai donnés, mon ami M. A.-L. Clément a exécuté la planche ci-jointe (pl. IV), que nous avons revue attentivement ensemble, et qui représente, d'une manière fidèle, la curieuse association dont il s'agit [1].

Cottus bubalis Euphr. — Le Cotte à longues épines est commun dans la région marine de Granville, où il est désigné vulgairement sous le nom de *Têtard* par les pêcheurs de cette localité.

Trigla lineata Gm. — Le Trigle imbriago est peu commun dans la région marine de Granville.

Gobius bicolor Gm. — Le Gobie à deux teintes est assez commun dans la région marine de Granville et dans le petit archipel Chausey.

Gobius minutus Gm. — J'ai capturé de nombreux Gobies buhottes aux iles Chausey, dans des ruisseaux et des flaques d'eau produits par le reflux. Ce petit Poisson a des mouvements très-vifs et nage avec une très-grande célérité.

---

(1) Ces renseignements ont fait le sujet d'un article intitulé : *Jeunes Poissons se protégeant par des Méduses*, et accompagné d'une figure faite, comme la planche ci-jointe, sur le même dessin, article que j'ai publié dans *Le Naturaliste*, Paris, n° du 1ᵉʳ décembre 1894, p. 267.

Callionymus lyra L. — Le Callionyme lyre est commun dans la région marine de Granville et aux iles Chausey, où il est connu par les pêcheurs de ces localités sous le nom vulgaire de *Savary*. J'ai pris aux iles Chausey, dans des flaques d'eau produites par le reflux, des jeunes de cette espèce.

Gunnellus europaeus Olafs. — J'ai capturé aux iles Chausey, dans des flaques d'eau produites par le reflux, plusieurs exemplaires du Gonnelle commun.

Blennius pholis L. — J'ai capturé un individu de cette espèce dans une flaque d'eau, à mer basse, à Granville, où elle est connue sous le nom vulgaire de *Babouin* par les pêcheurs de cette localité.

Orthagoriscus mola L. — Pendant mon séjour à Granville, j'ai eu la bonne fortune de pouvoir disséquer et photographier un Orthagorisque môle de taille moyenne, encore bien frais, qui avait été pris vivant par des pêcheurs, entre Granville et les iles Chausey, le 4 août 1893. Ces pêcheurs firent une bonne recette en le montrant aux Casinos de Granville et de Saint-Pair (station de bains de mer située tout près de Granville), après quoi, par l'entremise obligeante de M. Albert Augier, alors Commissaire de l'Inscription maritime à Granville, je m'en rendis acquéreur pour la très-modique somme de trois francs, ce Poisson n'étant pas normalement comestible. Certaines personnes en mangent avec plaisir le foie et la chair ; mais la grande quantité de parasites qu'il nourrit, à l'extérieur comme à l'intérieur, détermine une répugnance bien légitime. S'il en était autrement, on pourrait faire un certain nombre de repas avec un exemplaire de taille moyenne, car un tel individu pèse de 50 à 150 kilogrammes environ.

L'Orthagorisque môle est une espèce pélagique, qui s'approche accidentellement de nos côtes. Je crois que presque tous les ans on en prend, sur le littoral de la Normandie, un ou plusieurs exemplaires isolés ; néanmoins, comme cette

ORTHAGORISQUE MOLE

pris vivant entre Granville et les îles Chausey (Manche),

le 4 août 1893.

(1/11 de la grandeur naturelle).

espèce est fort intéressante, et qu'il n'en existe que peu de reproductions tout à fait exactes, je donne ici (pl. V) l'icone de l'exemplaire en question, qui est la reproduction directe, et sans aucune retouche, de la photographie que j'en ai prise. Cet exemplaire mesurait 1^m,06 de l'extrémité du museau au milieu de la nageoire caudale. Avec cette dimension et la planche V, il est très-facile de calculer exactement plusieurs autres de ses dimensions.

Cet Orthagorisque mâle m'a fourni les parasites suivants, qui sont indiqués à leur place systématique dans les pages qui précèdent :

Sur la peau : *Lepeophtheirus Nordmanni* M.-E. (Crustacé copépode) et *Tristoma molae* Blanch. (Ver trématode).

Sur les branchies : *Cecrops Latreillei* Leach (Crustacé copépode).

Dans l'appareil digestif : *Anchistrocephalus microcephalus* Rud. (Ver cestoïde).

Dans le foie : *? Anthocephalus elongatus* Rud. (Ver cestoïde).

L'Orthagorisque mâle est désigné vulgairement sous le nom de *Roi de mer* par les pêcheurs de Granville.

Nerophis ophidion L. — Le Nérophis ophidion est assez commun dans la région marine de Granville. Émile Moreau (Op. cit., t. II, p. 69) donne, au sujet de cette espèce, l'indication suivante : « Manche (mer), très-rare », d'où l'on ne peut déduire si, à la connaissance de cet auteur, elle avait été observée sur le littoral normand; et A.-E. Malard (Op. cit., p. 101) se borne à signaler son existence aux environs de Saint-Vaast-de-la-Hougue.

En raison de leur corps mince et effilé, les individus de cette espèce et des deux suivantes passent avec la plus grande aisance dans les mailles des filets des pêcheurs, et, de plus, ces derniers ne s'occupent nullement de ces petits Poissons, qu'ils ramènent souvent dans leurs filets, parmi des Zostères marines, des algues et des animaux très-variés.

C'est pourquoi cette espèce est peu examinée à l'état frais, et considérée à tort comme rare par les zoologistes qui ne mènent pas temporairement la rude vie des pêcheurs et qui ne s'avancent pas à pied dans la mer pendant le reflux, pour étudier sur place la faune marine.

Nerophis lumbriciformis Yarr. — Le Nérophis lombricoïde est assez commun dans la région marine de Granville et dans le petit archipel Chausey. Émile Moreau (Op. cit., t. II, p. 66) et A.-E. Malard (Op. cit., p. 101) répètent exactement, au sujet de cette espèce, ce qui est dit, à la page précédente, pour le Nérophis ophidion. Il en est de même pour mon observation relative à sa prétendue rareté.

Siphonostoma typhle L. — Le Siphonostome typhle est assez commun dans la région marine de Granville et dans le petit archipel Chausey. Émile Moreau (Op. cit., t. II, p. 56) donne, sur cette espèce, le renseignement suivant : « Manche (mer) assez rare, Roscoff », renseignement qui, pas plus que les « Manche (mer), très-rare » précédents ne permet de dire si, à la connaissance de cet éminent ichthyologiste, l'espèce en question avait été observée sur le littoral de la Normandie. A.-E. Malard (Op. cit., p. 101) se borne à indiquer la présence du Siphonostome typhle aux environs de Saint-Vaast-de-la-Hougue. Voir, au sujet de la prétendue rareté de cette espèce, l'observation que j'ai faite quelques lignes plus haut, dans le passage concernant le Nérophis ophidion.

Syngnathus acus L. — Le Syngnathe aiguille est commun dans la région marine de Granville. Il est désigné vulgairement sous le nom de *Couleuvre de mer* par les pêcheurs de cette localité.

Raia mosaica Lacép. — La Raie mosaïque se trouve dans la région marine de Granville.

REPTILES

Lacerta muralis Laur. — Le Lézard des murailles, espèce qui varie beaucoup dans ses dimensions et sa coloration, selon les localités, les saisons et le sexe, est fort commun dans la Grande-Ile de Chausey. Après en avoir capturé plusieurs, non sans quelque difficulté, en raison de la très-grande agilité de ces animaux et du manque d'un instrument convenable pour les prendre, et ne voulant nullement perdre mon temps à cette chasse, je priai des gamins de m'en attraper. C'est ainsi que j'en ai rapporté une petite collection.

On sait fort bien que la queue des Lézards se brise avec une grande facilité, « comme du verre », dit-on vulgairement et justement, et l'on sait fort bien aussi que la régénération de la partie manquante s'opère aisément, mais, alors, avec des dimensions un peu moindres. De plus, la queue se régénère parfois en se bifurquant, fait déjà mentionné par Pline le Naturaliste, Gesner, Aldrovande, etc.

Dans la petite collection de Lézards des murailles que j'ai rapportée de Chausey, il s'en trouvait quelques-uns dont la queue était régénérée, et un exemplaire offrait une bifurcation au point où sa queue a commencé de se reformer. J'ai cru intéressant de faire dessiner trois queues de Lézards des murailles de la Grande-Ile de Chausey; et la planche ci-jointe (pl. VI), exécutée avec beaucoup de précision par mon ami M. A.-L. Clément, montre une queue normale; une queue régénérée, où il est très-facile de voir le point de départ de la régénération; et une queue régénérée et bifurquée.

Voulant savoir si, au point où commencèrent simultanément la régénération de cette queue et la formation de la partie surnuméraire, la vertèbre ne présentait pas elle-même une bifurcation, j'ai soigneusement disséqué cette partie, dont la coupe longitudinale est représentée dans la planche VI. Comme on le voit, cette vertèbre est tout à fait normale.

8*

Aux figures en question, j'ai fait joindre celle de la queue, bifurquée à son extrémité, d'un Geckotien dont j'ignore la provenance, que j'ai acheté, il y a plusieurs années, à un marchand-naturaliste. Ce Geckotien est un Hémidactyle mabouia (*Hemidactylus mabouia* M. de J.).

En résumé, ce voyage dans la région de Granville et aux îles Chausey aura été de quelque profit pour la zoologie normande, puisque j'ai récolté plusieurs espèces nouvelles pour la science, plusieurs autres nouvelles pour la France, et un certain nombre d'espèces et quelques variétés dont la présence n'avait pas encore été signalée, soit en Normandie, soit dans le département de la Manche. J'ajoute qu'il est très-probable que plusieurs autres espèces sont nouvelles aussi pour ce département. Pour en être certain, j'aurais eu à faire de très-nombreuses recherches bibliographiques, — recherches que j'exécuterai, cela va sans dire, et avec beaucoup d'autres encore, pour la rédaction des fascicules de ma *Faune de la Normandie* qui concerneront les animaux sur lesquels je suis insuffisamment documenté, au point de vue de l'indication ou de la non indication de leur présence en Normandie ; — mais je n'ai pas eu le loisir de faire ces recherches. D'ailleurs, s'il importe beaucoup de savoir que telle espèce ou telle variété existe en tel point, la question de savoir si elle y avait été déjà signalée est une question fort secondaire.

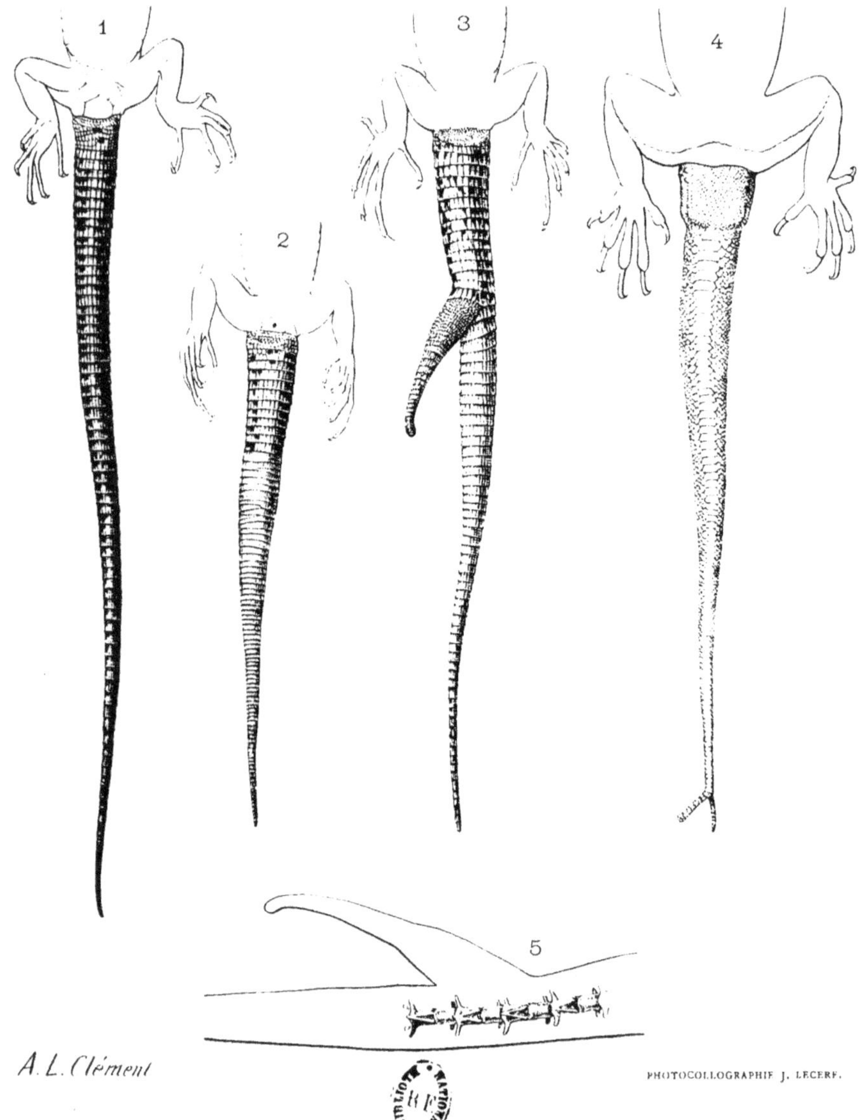

A. L. Clément

PHOTOCOLLOGRAPHIE J. LECERF.

1. Queue normale d'un Lézard des murailles (*Grandeur naturelle*).

2. Queue régénérée d'un individu de la même espèce (*Grandeur naturelle*).

3. Queue régénérée, et bifurquée à la naissance de la reformation, d'un individu de la même espèce (*Grandeur naturelle*).

4. Queue régénérée, et bifurquée à son extrémité, d'un Hémidactyle mabouia (*Grandeur naturelle*).

5. Section longitudinale de la partie bifurquée de la queue n° 3 (*Double de la grandeur naturelle*).

Enfin, quelques intéressantes observations biologiques ont été faites par moi au cours de ce voyage.

J'ajoute que tenant absolument à ne donner que des renseignements tout à fait précis, je n'ai pu, par suite de l'insuffisance des matériaux, indiquer, pour un grand nombre d'espèces, leur degré de fréquence ou de rareté dans les localités où je les ai recueillies.

En terminant, j'ai le plaisir d'annoncer que mon second voyage zoologique sur le littoral de la Normandie, que j'ai fait dans la région de Grandcamp-les-Bains (Calvados) et aux îles Saint-Marcouf (Manche), pendant l'été de 1894, voyage dont je publierai le compte rendu, sera, lui aussi, de quelque utilité pour la zoologie normande.

LISTE DES TRAVAUX

CITÉS DANS LES PAGES QUI PRÉCÈDENT

Audouin et Milne-Edwards. — *Recherches pour servir à l'histoire naturelle du littoral de la France, ou recueil de mémoires sur l'anatomie, la physiologie, la classification et les mœurs des animaux de nos côtes,* ouvrage accompagné de planches faites d'après nature, 2 vol., Paris, Crochard, 1832 et 1834; t. I, *Voyage à Granville, aux îles Chausey et à Saint-Malo;* t. II, *Annélides, première partie.*

L. Corbière. — *Compte rendu des excursions botaniques faites par la Société linnéenne de Normandie aux environs de Granville et aux îles Chausey, les 5, 6 et 7 juin* 1891, in Bull. de la Soc. linnéenne de Normandie, Caen, ann. 1891, p. 184.

Louis Crié. — *Essai sur la végétation de l'archipel Chausey (Manche),* in Bull. de la Soc. linnéenne de Normandie, Caen, ann. 1875-76, p. 295.

Paul Joanne. — *Itinéraire général de la France, Normandie,* 7 cartes et 18 plans, renseignements pratiques mis au courant en 1894, Paris, Hachette et Cie.

Dr Joyeux-Laffuie. — *Compte rendu de l'excursion zoologique,* (faisant suite au précédent), in Bull. de la Soc. linnéenne de Normandie, Caen, ann. 1891, p. 196.

G. Lennier. — *Recherches sur le littoral du département de la Manche,* (résumé), in Bull. de la Soc. linnéenne de Normandie, Caen, ann. 1891, p. 180.

Salvatore Lo Bianco. — *Méthodes en usage à la Station zoologique de Naples pour la conservation des animaux marins,* (traduit de l'italien par Félix Bernard), in Bull. scientif. de la France et de la Belgique, Paris, ann. 1891, p. 100.

A.-E. Malard. — *Catalogue des Poissons des côtes de la Manche dans les environs de Saint-Vaast,* in Bull. de la Soc. philomathique de Paris, ann. 1890-1891, 2ᵉ fasc., p. 60.

Dʳ Émile Moreau. — *Histoire naturelle des Poissons de la France,* avec 220 figures dessinées d'après nature, 3 vol., et un Supplément avec 7 figures dans le texte, Paris, G. Masson, 1881, et 1891 (Suppl.).

Félix Plateau. — *Les Myriopodes marins et la résistance des Arthropodes à respiration aérienne à la submersion,* in Journal de l'Anatomie et de la Physiologie normales et pathologiques de l'Homme et des Animaux, Paris, ann. 1890, p. 236.

Vicomte de Potiche. — *La baie du Mont Saint-Michel et ses approches ; création historique de la baie, établie par l'archéologie, la géographie, l'histoire, la géologie, ainsi que par les voies romaines et les îles de la Manche,* avec 46 cartes explicatives, ouvrage précédé d'une lettre-préface de M. A. de La Borderie, membre de l'Institut, Paris, J. Lechevalier, et A. Picard ; Avranches, Lebel-Anfray ; 1891.

A. de Quatrefages. — *Souvenirs d'un naturaliste,* 2 vol., Paris, Victor Masson, 1854.

Dʳ A. T. de Rochebrune. — *Les Vers, les Mollusques, les Échinodermes, les Zoophytes, les Protozoaires et les animaux des grandes profondeurs,* (volume des *Merveilles de la Nature,* d'A-E. Brehm), Paris, J.-B. Baillière et fils.

NOTE

SUR LES

COPÉPODES ET LES OSTRACODES MARINS

Recueillis par M. Henri GADEAU de KERVILLE

dans la région de Granville et aux îles Chausey (Manche)

(JUILLET - AOUT 1893)

Par M. Eugène CANU

Docteur ès-sciences, Chef des travaux zoologiques à la Station
aquicole de Boulogne-sur-Mer.

———— ✠ ————

COPÉPODES.

CALANIDES.

Tribu I. — Amphaskandria (GIESBR.).

1. Calanus finmarchicus GUNN.

L'une des plus grandes espèces de Copépodes pélagiques
du nord de l'Europe ; rare dans la plupart des matériaux
recueillis au filet fin durant les mois de juillet et d'août 1893
dans la région de Granville ; très-abondante dans la pêche
de *jour* du 16 août 1893 et moins fréquente dans la pêche
de *nuit* du 16 au 17 août 1893.

Distribution : Toutes les mers d'Europe, mer de Chine,
Pacifique, etc.

2. Paracalanus parvus CLAUS.

Petite espèce assez commune dans toutes les pêches au
filet fin dans la région de Granville.

Distribution : Mer du Nord, Baltique, Manche, Atlantique, Méditerranée, Pacifique, mer de Chine.

3. **Pseudocalanus elongatus** Boeck.

Syn. : *Clausia elongata* Boeck.

Assez rare dans la plupart des pêches au filet fin dans la région de Granville. N'était connu qu'à Wimereux (Canu, 1888) sur les côtes de France.

Distribution : Mers du nord de l'Europe, Manche, Atlantique, Méditerranée.

Tribu II. — Heterarthrandria (Giesbr.).

4. **Centropages hamatus** Lillj.

Espèce assez fréquente dans quelques pêches au filet fin dans la région de Granville. Ce Copépode, qui est très-commun dans la mer du Nord, dans la Baltique, et dans l'Atlantique au voisinage de l'Irlande et de l'Angleterre, n'avait pas encore été trouvé en Europe au sud de Wimereux (Pas-de-Calais) ; il semble manquer dans la Méditerranée, ainsi que l'établit Giesbrecht dans sa belle monographie des Copépodes pélagiques de Naples.

5. **Isias clavipes** Boeck.

Cette espèce, qui est très-commune dans les eaux sublittorales et littorales de la Manche durant l'été, est le Copépode le plus abondant dans toutes les pêches au filet fin dans la région de Granville. Elle a été trouvée dans la Méditerranée, et Giesbrecht l'étudie dans sa monographie des Copépodes pélagiques. Revenant sur la description que j'ai faite en 1888 de cette espèce (sous la dénomination provisoire d'*Isias Bonnieri*), Giesbrecht (*loc. cit.*, p. 326 et 327) attribue par erreur deux soies (au lieu de trois) à la rame interne des pattes natatoires de la cinquième paire chez la femelle ; les trois soies que j'ai décrites et figurées en 1888 existent réellement, et la figure que donne GIESBRECHT (*loc. cit.*, pl. XIX, fig. 36) de la cinquième patte natatoire d'*Isias clavipes* femelle, montre elle-même deux soies terminales nettement visibles, et, avec elles, une soie marginale extérieure, en grande partie cachée sous la rame externe de l'appendice.

6. **Labidocera Wollastoni** LUBB.

Espèce d'assez grande taille, relativement rare dans quelques-unes des pêches au filet fin dans la région de Granville.

Distribution : Mer du Nord, Manche, Atlantique.

7. **Pontella Lobiancoi** GIESBR.

Deux exemplaires de cette intéressante espèce de très-grande taille ont été recueillis dans les pêches au filet fin dans la région de Granville (journée du 16 août 1893), en compagnie de nombreux spécimens de *Calanus finmarchicus.* Ces deux espèces sont ordinairement des habitants de la haute mer.

Wimereux, Naples, Gibraltar et Granville sont les seuls points où la présence de ce Copépode ait été reconnue jusqu'à présent.

8. **Parapontella brevicornis** LUBB.

Un certain nombre d'exemplaires se trouvent dans quelques-unes des pêches au filet fin dans la région de Granville. Cette espèce existe dans le voisinage des îles Britanniques et dans la Méditerranée [1]. Elle n'est connue sur les côtes françaises qu'à Wimereux et à Granville.

---

(1) D'après un seul spécimen de Naples (GIESBRECHT).

9. **Acartia Clausi** Giesbr.

Espèce très-abondante dans les pêches au filet fin dans la région de Granville; elle constitue, avec *Isias clavipes*, la plus grande part des Copépodes recueillis de cette façon. Cette forme se trouve répandue dans les mers du nord de l'Europe, aussi bien que dans la Méditerranée. Sa présence dans le nord est signalée depuis 1890. (Canu, Wimereux).

10. **Acartia discaudata** Giesbr.

Plus rare que l'espèce précédente.
Distribution : Tout le nord de l'Europe.

CYCLOPIDES.

11. **Thorellia brunnea** Boeck.

Petite espèce des plus intéressantes, dont la présence dans les algues du littoral n'a été que très-rarement signalée par les auteurs, bien que l'aire de distribution soit considérable, puisqu'elle s'étend depuis la mer du Nord jusqu'à la Nouvelle-Zélande.

Ce Copépode est assez abondant dans le résidu des lavages d'algues exécutés aux îles Chausey. Il était connu en France dans la Manche à Wimereux.

12. **Cyclopina gracilis** Claus.

Quelques exemplaires de cette petite espèce, connue dans toutes les mers d'Europe, existent dans les récoltes faites auprès du rivage, dans les algues.

HARPACTICIDES.

13. **Zaus spinosus** Claus.

Petite espèce vivant à la surface des algues littorales;

très-abondante dans les récoltes de Granville et des îles Chausey; connue à Wimereux.

Distribution : Toutes les mers d'Europe.

14. **Alteutha bopyroides** Claus.

Quelques exemplaires dans les pêches au filet fin dans la région de Granville; l'espèce était connue à Wimereux.

Distribution : Toutes les mers d'Europe.

15. **Alteutha depressa** W. Baird.

Espèce connue en Angleterre et en Irlande, en quelques points très-éloignés les uns des autres, mais complètement ignorée en France. Elle est assez fréquente dans les résidus du lavage d'algues recueillies aux îles Chausey.

16. **Oniscidium robustum** Claus.

Ce Peltidien, décrit par Claus en 1889 (*Copepodenstudien, I*[us] *Heft, Peltidien,* Vienne, Hölder, p. 22, pl. VI), se distingue assez nettement par la forme irrégulièrement contournée des épines qui prolongent vers l'intérieur les maxillipèdes externes. Dans le sexe femelle, la rame interne de la première paire de pattes natatoires diffère quelque peu de la description de Claus (*loc. cit.,* fig. 10), pour se rapprocher davantage de la forme qu'elle présente dans les autres espèces. Je n'en ai trouvé qu'un seul exemplaire, du sexe femelle, parmi les résidus de lavage d'algues qui m'ont été communiqués par M. Henri Gadeau de Kerville. L'espèce n'avait pas été signalée en France.

Distribution : Méditerranée (Trieste), Manche (îles Chausey).

17. **Porcellidium fimbriatum** Claus.

Un exemplaire du sexe mâle, répondant parfaitement à la description de *Porcellidium viride* donnée par Brady (qui aurait, d'après Claus, séparé les sexes dans deux espèces distinctes), se trouve dans les récoltes des iles Chausey. L'espèce, répandue dans les mers du nord de l'Europe et dans la Méditerranée, n'était pas signalée sur nos côtes.

18. **Ectinosoma minutum** Claus.

Petit Copépode, connu à Wimereux, assez fréquent dans le lavage des Corallines de Granville.

Distribution : Mer du Nord, Manche, Méditerranée, mer Noire.

19. **Euterpe acutifrons** Dana.

Petit Harpacticide pélagique, assez rare dans les pêches au filet fin dans la région de Granville. L'espèce, très-largement répandue dans le nord de l'Europe et dans la Méditerranée, était connue dans le Boulonnais.

20. **Thalestris mysis** Claus.

Cette belle et grande espèce n'avait pas été recueillie en France, mais elle était connue sur les côtes anglaises de l'Atlantique. Elle est parfaitement caractérisée par la forme des cinquièmes pattes thoraciques de la femelle, qui s'étendent jusqu'à l'extrémité de l'abdomen.

D'assez nombreux exemplaires se trouvent dans le produit du lavage des Corallines de Granville.

Distribution : Atlantique, Manche, Méditerranée.

21. **Idya furcata** W. Baird.

Quelques exemplaires dans les récoltes faites au milieu des algues à Granville et aux iles Chausey.

Distribution : Toutes les mers d'Europe.

22. **Laophonte serrata** Claus.

Ce petit Copépode est extraordinairement abondant dans le lavage des Corallines de Granville.

Distribution : Mer du Nord, Manche, Atlantique.

23. **Ilyopsyllus coriaceus** B. et R.

La synonymie de cette intéressante espèce n'a point été exactement établie par les zoologistes qui se sont attachés à son étude.

Dans le n° d'août 1873 des « *Annals and Magazine of Natural History* », G.-S. Brady et D. Robertson donnent une courte description accompagnée de figures de l'*Ilyopsyllus coriaceus*, recueilli par eux en 1872 sur les côtes d'Irlande.

Dans la troisième partie du tome III des *Zapiski* de la Société des Naturalistes de Kiew, parue en 1873, Kritchaguine, rendant compte des recherches fauniques faites en 1872 sur les rives orientales de la mer Noire, décrit, avec un très-grand soin, le même Copépode sous la dénomination de *Thoracosphaera inflata*. Jusqu'à présent, la découverte de Kritchaguine était restée inconnue des zoologistes qui ont étudié ce Copépode, et cependant on pourrait se demander si la publication du naturaliste russe ne fut point antérieure à celle des observateurs anglais, et si *Thoracosphaera inflata* ne doit point supplanter dans les listes fauniques le nom d'*Ilyopsyllus coriaceus*.

Dans une note présentée à la Société zoologique de France dans la séance du 22 mars 1892, J. Richard a signalé l'erreur commise par Ch.-L. Edwards qui fonda (*Archiv für Naturgeschichte*, 57° ann., t. I, 1891) un nouveau genre *Abacola* pour le même *Ilyopsyllus*, adopté jusqu'à ce jour.

Ainsi, trois dénominations génériques différentes s'appliquent aux mêmes Copépodes. Nous conservons ici, parmi les deux premières, l'appellation la plus connue et la plus fréquente, sans nous attarder à discuter cette difficile question de priorité ; mais, en donnant la préférence au nom établi par BRADY et ROBERTSON, nous tenons à déclarer que l'étude publiée par KRITCHAGUINE était beaucoup plus exacte et plus complète.

Les espèces actuellement décrites dans ce genre *Ilyopsyllus* sont au nombre de *cinq*, mais les caractères distinctifs n'en sont pas bien nets, en raison même de l'insuffisance des études effectuées sur ces différents Copépodes. Ces espèces sont :

> 1° *Il. coriaceus* B. et R., 1873.
> 2° *Il. inflatus* KRITCH., 1873.
> 3° *Il. holothuriae* Ch.-L. EDWARDS, 1891.
> 4° *Il. Jousseaumei* J. RICH., 1892.
> 5° *Il. affinis* Th. SCOTT, 1893.

Avant de discuter la valeur respective de chacune de ces espèces, je dirai que ma connaissance d'*Ilyopsyllus coriaceus* repose sur l'observation personnelle des caractères de cette espèce, observation que j'ai pu faire sur des spécimens soumis à la détermination de M. BRADY par M. le Dr TROUESSART, qui me les a communiqués de la manière la plus aimable. Par l'étude approfondie de *Il. coriaceus*, je me suis convaincu de l'étroite parenté unissant ces diverses formes.

Réserve faite de *Il. holothuriae*, — dont la description comporte des insuffisances telles (bords de segments pris pour des pattes de la cinquième paire !) qu'il serait bien prématuré d'émettre un avis définitif à son sujet, — je crois que toutes ces espèces se réduisent seulement à deux :

> 1° *Il. coriaceus* = *Il. inflatus*, vivant dans la mer en Europe, parmi les algues ;
>
> 2° *Il. Jousseaumei* = *Il. affinis*, vivant dans l'eau des lagunes côtières, parmi les Conferves, à Aden et dans l'île Saint-Thomas du golfe de Guinée.

Bien que les caractères biologiques de ces espèces soient suffisamment nets, les divergences morphologiques sont beaucoup moins tranchées que ne l'a cru J. RICHARD : En effet, le renflement de la longue soie furcale figuré par BRADY dans *Il. coriaceus* semble être tout à fait exceptionnel et peut-être même pathologique ; je ne l'ai rencontré dans aucun des nombreux spécimens étudiés par moi. Les soies furcales présentent dans les deux formes la même constitution. Les pattes de la cinquième paire ont aussi la même apparence chez *Il. coriaceus* et *Il. Jousseaumei*, si j'en juge, pour ce dernier, d'après la description de SCOTT[1], plus complète que celle de RICHARD : En effet, ces appendices — entrevus par BRADY chez le mâle d'*Il. coriaceus*, où ils se présentent sous la forme de deux petites lames quadrangulaires accolées sur la ligne médiane et terminées chacune par deux épines triangulaires, — rappellent étroitement chez la femelle l'aspect figuré par SCOTT (*loc. cit.*, fig. 15 de droite) ; il faut observer, toutefois, que les denticules attribués à la base de l'appendice font partie du quatrième segment thoracique, et que l'appendice est figuré de cette manière plus long qu'il ne l'est en réalité ; il en est probablement de même pour la cinquième patte du mâle (fig. 15 de gauche).

Peut-être faudra-t-il chercher la distinction systématique des deux espèces dans les détails plus approfondis des ornements de la carapace (épines marginales des segments, etc.) et des appendices ; nous ne pouvons tenter cet essai dans l'état actuel des descriptions de l'*Ilyopsyllus Jousseaumei*.

Quel est le genre de vie et la position systématique d'*Ilyopsyllus coriaceus ?*

C'est encore KRITCHAGUINE qui a, le premier, fourni une réponse satisfaisante à cette question : à la page 364 du tra-

---

(1) Voir Th. SCOTT, *Entomostraca from the Gulf of Guinea*, Transactions Linnean Society London, Zoology; vol. VI, part. I, p. 101, pl. XI, fig. 4—17.

vail cité plus haut, cet observateur signale, « dans les endroits les moins profonds où se trouvent déjà une grande quantité de Cystoseires habités par des Harpacticides », la présence de son *Thoracosphaera inflata*, forme nouvelle qui fait le passage entre les Harpacticides et les Corycéides ; c'est à peu près la conclusion adoptée par RICHARD en 1892, lorsqu'il discuta, sans avoir connu l'opinion de son prédécesseur, la place qu'il conviendrait d'attribuer au genre *Ilyopsyllus* dans la classification des Copépodes.

KRITCHAGUINE a, le premier, signalé l'habitat d'*Ilyopsyllus coriaceus* dans les algues littorales ; ce mode de vie se trouve contrôlé par les indications réunies sur les côtes françaises par M. le Dʳ TROUESSART[1], et surtout par la découverte de *myriades* d'exemplaires recueillis dans les Corallines du littoral, à Granville, par M. Henri GADEAU DE KERVILLE ; cette dernière trouvaille est véritablement la vérification la plus complète des assertions de KRITCHAGUINE relatives à l'éthologie de ce Copépode.

Par son habitat, comme par la constitution des pièces buccales, *Ilyopsyllus* me parait être caractérisé comme un Copépode semi-parasite vivant aux dépens des végétaux marins ; et, à ce titre, je ne doute pas qu'il devienne ultérieurement le type d'une nouvelle famille de Copépodes parasites.

Je suis donc disposé à admettre comme juste la fondation de cette famille des *Abacolidae* proposée par Charles-L. EDWARDS, et je trouve, d'autre part, un type des plus modifiés de cette série de parasites végétariens dans le Copépode des galles de *Rhodymenia palmata* décrit récemment par le professeur BRADY sous le nom de *Fucitrogus rhodymeniae* (Journ. R. Microscopical Society, 1894).

(1) TROUESSART, *Au bord de la mer*, Bibliothèque scientifique contemporaine, Paris, 1893, p. 180 et 181.

TROUESSART, *Note sur les Acariens marins (Halacaridæ) dragués par M. P. Halle dans le Pas-de-Calais*, Revue biologique du Nord de la France, 6ᵉ année, février 1894, p. 165 et 166.

LICHOMOLGIDES.

24. **Lichomolgus agilis** Leyd.

Un assez grand nombre de Copépodes de cette espèce, ordinairement semi-parasites à la surface du corps des Mollusques nudibranches, se trouvent dans les récoltes faites dans les algues aux îles Chausey.

L'espèce était connue en France dans le Boulonnais et la Bretagne (Canu).

Distribution : Mers d'Europe.

25. **? Paranthessius anemoniae** Claus.

Un seul exemplaire femelle de ce curieux Copépode existe dans les récoltes des îles Chausey ; je le rapporte, avec un peu d'hésitation, à cette espèce décrite par Claus d'après quelques exemplaires femelles trouvés à Trieste en 1889. C'est la première fois que ce genre de Lichomolgide est signalé sur les côtes de France, et l'espèce n'avait pas été retrouvée depuis la première étude de Claus.

Par la réduction du troisième article des antennules, lequel reste à peine perceptible ; par les antennes armées à leur extrémité de trois crochets chitineux disposés en grappin et de trois soies assez courtes ; par la constitution de l'appareil buccal, et, en particulier, des maxillipèdes externes, cette forme se trouve assez nettement caractérisée parmi les Lichomolgides ayant la rame interne des quatrièmes pattes thoraciques composée de trois articles. L'abdomen est très-allongé et les cinquièmes pattes thoraciques montrent un développement remarquable pour un Lichomolgide.

Claus a trouvé ses exemplaires, tous du sexe femelle, sur un Célentéré du genre *Anemonia ;* c'est sur des animaux du même groupe qu'il conviendra de rechercher d'autres spécimens de cette espèce.

9*

ASCOMYZONTIDES.

26. **Acontiophorus scutatus** B. et R.

Plusieurs exemplaires de ce petit Copépode siphonostome, rendu si curieux par le long siphon buccal qui s'étend jusqu'à l'extrémité de l'abdomen, se trouvent dans le produit des récoltes effectuées aux îles Chausey et à Granville. La distribution de cette espèce est assez étendue ; on connaissait déjà sa présence dans le Boulonnais, dans la mer du Nord, dans l'océan Atlantique et dans la mer Adriatique.

OSTRACODES.

CYTHÉRIDES.

1. **Cythere lutea** Müll.

L'espèce est très-abondante dans le produit du lavage des Corallines de Granville. Elle existe encore dans la Manche, sur la côte boulonnaise.

Distribution : Europe : Méditerranée, Atlantique, mer du Nord, Manche, Baltique ; — Amérique.

2. **Loxoconcha impressa** W. Baird.

Commune dans le produit du lavage d'algues aux îles Chausey.

Distribution : Dans presque toutes les mers d'Europe.

3. **Cytherois Fischeri** G.-O. Sars.

Petite forme d'Ostracode assez communément répandue dans le lavage des Corallines de Granville ; beaucoup plus rare aux îles Chausey.

Distribution : Toutes les côtes des îles Britanniques, mer du Nord, Manche, Méditerranée.

NOTE

SUR LES

ACARIENS MARINS *(HALACARIDÆ)*

Récoltés par M. Henri GADEAU de KERVILLE,

sur le littoral du département de la Manche

(JUILLET - AOUT 1893)

Par le DOCTEUR E. TROUESSART

Avec 5 planches et 4 figures dans le texte, faites sur les dessins
de M. G. NEUMANN,
Professeur à l'École vétérinaire de Toulouse.

———

Les Acariens marins (*Halacaridæ*) qui font l'objet de cette Note ont été recueillis par M. Henri GADEAU DE KERVILLE dans la zone littorale, à Granville (Manche), et aux iles Chausey (Manche), ilots granitiques situés, comme on le sait, près et à l'Ouest de Granville.

Les dragages opérés par M. Henri GADEAU DE KERVILLE n'ont pas dépassé la profondeur de 9 mètres au-dessous des plus basses marées. Mais, précisément à la même époque (août 1893), M. P. HALLEZ, professeur à la Faculté des Sciences de Lille, opérait sur un autre point de la Manche (dans le Pas-de-Calais) des dragages à de grandes profondeurs (entre 25 et 60 mètres), dont les résultats, au point de vue de la faune halacarienne, ont fait l'objet d'un autre travail [1].

(1) E. TROUESSART, *Note sur les Acariens marins* (Halacaridæ) *draguées par M. P. HALLEZ dans le Pas-de-Calais*, avec 4 figures dans le texte, (*Revue Biologique du Nord de la France*, 6ᵉ ann., 1893-1894, nᵒˢ 4 et 5, p. 154).

En rapprochant et comparant les récoltes faites par ces deux naturalistes, on peut se faire une idée assez complète de la faune de la Manche au point de vue des Acariens marins.

La zone littorale, explorée par M. Henri GADEAU DE KERVILLE, lui a fourni 22 espèces, tandis que la zone profonde n'a procuré à M. HALLEZ que 14 espèces. La différence entre ces deux chiffres tient surtout à l'absence du genre *Rhombognathus* dans les grandes profondeurs, tandis que 3 espèces de ce genre se trouvent dans la zone littorale. On a le droit d'être surpris que la différence ne soit pas plus grande, les Halacariens étant, de par leur organisation même, des animaux essentiellement côtiers, et qui paraissent faire complètement défaut dans les grandes profondeurs. Au delà de la zone. où vivent les bancs de Bryozoaires si abondants dans le Pas-de-Calais, il est probable que l'on n'en trouvera que très-accidentellement.

Comme dans la *Note* relative aux dragages de M. HALLEZ, je diviserai celle-ci en trois parties : 1° Résultats généraux ; 2° Liste des espèces suivant les localités ; 3° Revue méthodique des espèces et description des espèces nouvelles.

I. — RÉSULTATS GÉNÉRAUX.

Tous les Acariens dont je m'occuperai ici ayant été recueillis dans la *zone littorale*, il n'y a lieu de s'occuper de leur *distribution bathymétrique* que pour comparer cette faune littorale à la faune profonde du Pas-de-Calais.

J'indiquerai la proportion relative des espèces par des signes conventionnels, et non par des chiffres qui ne peuvent avoir rien de précis ; ainsi : C C = *très-commun*, C = *commun*, A C = *assez commun*, A R = *assez rare*, R = *rare*, R R = *très-rare*.

Voici la liste générale des espèces recueillies au cours de cette campagne (juillet-août 1893) :

1. *Rhombognathus pascens*	. . . . . .	C C.
2. — *Scahami*	. . . . .	A C.
3. — *magnirostris*	. . .	C.
4. *Simognathus leiomerus* (n. sp.)	. .	R R.
5. *Halacarus striatus*	. . . .	R.
6. — *spinifer*	. . . .	C C.
7. — *ctenopus*	. . . .	R.
8. — *actenos*	. . . .	A C.
9. — *anomalus* (n. sp.)	. . .	A R.
10. — *Fabricii*	. . . .	R.
11. — *glyptoderma*	. . . . .	R R.
12. — *rhodostigma*	. . . . .	C.
13. — *tabellio* (n. sp.)	. . . .	A R.
14. — *oculatus*	. . . .	A C.
15. — *gracilipes*	. . . .	C.
16. — *gibbus* (2 var.)	. . . .	A R.
17. — *Chevreuxi*	. . . .	C.
18. *Agaue brevipalpus*	. . . .	A C.
19. — *microrhyncha*	. . . .	A R.
20. *Leptognathus falcatus*	. . . . . .	A C.
21. — *Kervillei* (n. sp.)	. .	A R.
22. *Scaptognathus Hallezi*	. . . . . .	R R.

D'après leur fréquence, on peut ranger les espèces dans l'ordre suivant :

1° Espèces représentées par plus de 100 individus : *Halacarus spinifer*, *H. Chevreuxi*, *Rhombognathus* (3 espèces).

2° Espèces représentées par plus de 50 individus : *Halacarus actenos*, *H. gracilipes*, *H. rhodostigma*.

3° Espèces représentées par 12 à 20 individus : *Agaue brevipalpus*, *A. microrhyncha*, *Leptognathus falcatus*, *Halacarus oculatus*, *H. tabellio*, *H. gibbus*.

4° Espèces représentées par 10 ou moins de 10 individus : *Halacarus anomalus* (10), *Leptognathus Kervillei* (8), *Halacarus ctenopus*, *H. striatus*, *H. Fabricii* (chacun 3),

II. glyptoderma (1), *Scaptognathus Hallezi* (1), *Simogna-thus leiomerus* (1).

Il est évident que la rareté des espèces rangées dans cette dernière catégorie, et surtout celle des deux dernières, tient à ce que le véritable habitat de ces types n'a pas été exploré par la drague, ou bien à ce que les habitudes sédentaires, et peut-être nocturnes, de ces espèces, ne les mettent qu'accidentellement dans le cas d'être capturées par le filet traînant sur le fond.

Malgré ces conditions défavorables, on voit que M. Henri GADEAU DE KERVILLE a eu la bonne fortune de récolter un nombre relativement considérable d'espèces rares ou nouvelles, ce qui prouve que la faune halacarienne des côtes de France est loin de nous être complètement connue, bien que des explorations plus ou moins complètes aient eu lieu sur les points les plus variés de ces côtes.

Je rappellerai ici que j'ai eu entre les mains des matériaux provenant des localités suivantes, en allant du Nord au Sud :

Le Portel (Pas-de-Calais), par M. HALLEZ; Wimereux (Pas-de-Calais), par M. GIARD; Saint-Waast-la-Hougue (Manche), par M. MALARD; Granville et les îles Chausey (Manche), par M. Henri GADEAU DE KERVILLE; rade de Brest et île Tudy (Finistère), par M. BAVAY; Le Croisic (Loire-Inférieure), par M. CHEVREUX; île de Ré (Charente-Inférieure), par M. Ph. ROUSSEAU; Saint-Jean-de-Luz (Basses-Pyrénées), par M. G. NEUMANN; Marseille (Bouches-du-Rhône), par M. Marius AUBERT; Villefranche (Alpes-Maritimes), par M. CHEVREUX; enfin j'ai fait connaître les premiers Halacariens de la Méditerranée d'après mes recherches personnelles sur la *Mousse de Corse* desséchée des pharmacies.

La plupart des espèces précédemment décrites par GOSSE, HODGE et BRADY des côtes d'Angleterre, et par LOHMANN des côtes de la Baltique, se trouvent sur les côtes de France.

Par contre, un assez grand nombre d'espèces (notamment celles qui portent les n°⁵ 3, 4, 8, 11, 13, 15, 16, 17, 18,

20, 21, sur ma liste), n'ont pas encore été signalées sur les côtes d'Angleterre, ni dans la mer Baltique.

Sur les 22 espèces récoltées par M. Henri GADEAU DE KERVILLE, 6 au moins (c'est-à-dire plus du quart) sont très-rares ou nouvelles ; ce sont : *Simognathus leiomerus, Halacarus anomalus, H. tabellio, H. gibbus* var. *britannica, Leptognathus Kervillei, Scaptognathus Hallezi.*

Trois de ces espèces se trouvaient déjà dans les dragages faits au Portel par M. HALLEZ, et ont été décrites ou signalées dans la *Note* que j'ai consacrée à cette localité. Les trois autres sont nouvelles pour la science, et seront décrites et figurées ici pour la première fois (*Simognathus leiomerus, Halacarus anomalus* et *Leptognathus Kervillei*). Je donnerai également les caractères des autres espèces, notamment d'*H. tabellio*, que l'on s'était contenté d'indiquer brièvement dans le travail précédent, mais sans le dénommer.

Si l'on compare la liste des espèces de Granville à celle des espèces du Portel, on voit qu'une seule de ces dernières (*Halacarus Murrayi*) manque à la première. On doit donc considérer cette espèce comme appartenant à la faune profonde (entre 25 et 60 m.), et vivant plus particulièrement sur les Bryozoaires qui habitent ces profondeurs : par sa fréquence, comme par sa taille et ses mœurs, cette espèce paraît remplacer *Halacarus spinifer*, espèce la plus commune dans la zone littorale. Cependant, de même qu'*H. spinifer* s'égare quelquefois au-delà de 25 m., on trouve aussi, mais toujours en petit nombre, des individus d'*H. Murrayi* dans la zone littorale[1].

Plusieurs espèces, notamment *Halacarus gracilipes, H. Chevreuxi, H. rhodostigma, H. gibbus, Agaue microrhyncha, Leptognatus falcatus*, paraissent vivre indifféremment dans la zone littorale et dans la zone profonde, ou du moins vivent à la limite de ces deux zones, puisqu'on

(1) C'est ce que je viens de constater dans les dragages opérés par M. Henri Gadeau de Kerville, à Grandcamp-les-Bains (Calvados), dans la zone littorale (août 1894).

les rencontre dans les dragages opérés aussi bien dans l'une que dans l'autre.

Mœurs et développement. — Dans la *Note sur les Acariens marins du Pas-de-Calais* (loc. cit.), j'ai fait remarquer ce fait singulier, déjà signalé d'ailleurs par Lohmann, que tous les spécimens d'*Halacarus spinifer* récoltés pendant l'été (juillet-août) sont des nymphes. Sur deux à trois cents individus recueillis à cette époque par M. Henri Gadeau de Kerville, on ne trouve pas un seul adulte muni d'organes sexuels bien développés. La même particularité s'observe sur *H. Murrayi*, ainsi que je l'ai constaté.

Lohmann a donné l'explication de ce fait en montrant que chez *H. spinifer* le cycle évolutif de l'espèce exige une année entière. Les nymphes ne revêtent la forme d'adultes sexués qu'à l'automne (octobre-novembre); on trouve ceux-ci pendant tout l'hiver, puis le chiffre des adultes diminue graduellement au printemps et jusqu'en juillet, où ils disparaissent complètement. C'est ainsi que les choses se passent dans la Baltique.

J'ai pu constater qu'il en était de même dans la Manche. Sur ma demande, M. Henri Gadeau de Kerville a bien voulu faire récolter des Corallines, cet hiver (15 janvier 1894), dans la même localité (à Granville) où il avait récolté de ces algues l'été précédent (août 1893).

Ces Corallines qui, en août 1893, ne m'avaient fourni que des nymphes, en janvier 1894 ne m'ont fourni que des adultes, mâles et femelles.

L'observation de Lohmann est donc parfaitement exacte. La ponte a lieu au printemps, et, pendant toute la belle saison, on trouve des larves et des nymphes. Les dernières femelles ovigères disparaissent au commencement de juillet. Les jeunes de l'année n'ont acquis tout leur développement qu'au commencement de l'hiver; les adultes se montrent à cette époque, et l'on en trouve jusqu'à la fin du printemps.

Ce cycle évolutif paraît propre à *Hal. spinifer*, et, comme je l'ai montré, à *Hal. Murrayi*. Il peut être considéré comme exceptionnel, car on ne voit rien de semblable chez la plupart des autres espèces du genre. J'ai constaté, notamment sur *Halacarus actenos* et *H. Chevreuxi*, que les adultes et les jeunes de tout âge se montraient ensemble, dans les mêmes localités, pendant toute la durée de l'été.

Organes génitaux : Oviscapte ou Ovipositor. — Dans l'un des dragages de M. Henri GADEAU DE KERVILLE j'ai trouvé un grand nombre de *Rhombognathus pascens* femelles ayant l'ovipositor complètement sorti, ce qui m'a permis de figurer et de décrire cet organe d'une façon complète. Dans le même dragage se trouvaient deux ou trois femelles d'*Halacarus actenos* présentant la même particularité.

Il est probable que ces femelles ont été surprises au moment de la ponte : cependant, il m'a été impossible de voir comment s'opère cette ponte. Les femelles ovigères d'*Halacarus actenos* renferment ordinairement de 8 à 12 œufs qui remplissent et distendent le corps de l'animal et sont tous à peu près de même dimension, ce qui semble indiquer qu'ils sont arrivés sensiblement au même stade de développement. Par suite, on peut en conclure qu'ils sont pondus « *en tas* » et à peu d'intervalle l'un de l'autre.

Quant à la cause qui a fixé, en quelque sorte, l'ovipositor dans l'extension complète, au moment de la mort des femelles de ces deux espèces, il est probable que cet effet est dû, ou à la chaleur, ou au passage rapide de l'eau salée à l'eau douce, tel qu'il s'opère (par endosmose) dans le procédé de recherche dont je fais usage (lavage à grande eau des fonds de dragages).

La taille et la forme singulières de cet organe, dans d'autres familles du groupe des Acariens, ont déjà attiré l'attention des naturalistes. A.-D. MICHAEL a décrit et figuré avec soin[1] l'ovipositor des *Oribatidæ*. Les premiers observateurs avaient pris cet organe pour un pénis, en raison de sa forme et de ses dimensions énormes (sa longueur est souvent égale à celle du corps de l'animal), de telle sorte qu'ils considéraient le mâle comme la femelle, et vice versa.

Dans la famille des *Ixodidæ* on trouve aussi un ovipositor très-volumineux (GENÉ, 1848).

Chez les *Halacaridæ*, l'ovipositor d'*Halacarus spinifer* a été figuré par LOHMANN[2]. Mais cette figure, montrant l'organe de profil, n'en peut donner qu'une idée très-imparfaite. Les figures de face que je donne ici (pl. X) permettent de s'en faire une idée beaucoup plus nette. Ces figures ont été dessinées à la chambre claire d'après mes préparations.

Il convient d'ajouter que la forme de l'organe varie beaucoup d'une espèce à l'autre, et surtout d'un genre à l'autre, ainsi qu'on peut s'en convaincre en comparant *Hal. actenos* à *H. spinifer* et ces deux espèces à *Rhombognathus pascens*.

A. *Ovipositor* d'HALACARUS ACTENOS. — Lorsqu'il est dans l'extension complète, cet organe a la forme d'un éventail à trois lobes, dont le lobe médian porte six longs spicules, en forme d'aiguilles, droits et grêles ; chacun des lobes latéraux, qui sont symétriques, porte deux spicules semblables (pl. X, fig. *a*).

La partie basilaire de l'organe, qui est en forme de manche ou de bulbe, est enveloppée par un organe bilobé simulant deux *petites lèvres*.

La fig. *a'* de la même planche représente l'organe au moment où il se rétracte dans l'abdomen : on voit les dix spicules réunis en faisceau et surmontés des deux petites lèvres qui recouvrent la base de l'organe.

---

(1) A.-D. Michael, *British Oribatidæ*, I, pl. G, fig. 7 à 12.

(2) LOHMANN, *Die Unterfamilie der Halacarinæ* (Zool. Jahrb., IV, 1889, pl. II, fig. 50). — Id., *Die Halacarinen der Plankton-Expedition*, 1893, p. 29, fig. 2.

Lorsque l'organe est complètement rentré dans l'abdomen, il se voit, par transparence (sur les préparations dans la glycérine ou la gelée de glycérine), en avant du cadre génital, sous forme d'un *organe cylindrique, en doigt de gant retourné, formant gaine au faisceau de spicules* dont la pointe reste toujours dirigée vers l'extrémité de l'abdomen.

Ces spicules doivent être considérés comme de véritables griffes destinées à saisir l'œuf au moment de son passage dans l'oviducte. A ce moment l'ovipositor se gonfle, se retourne comme un doigt de gant, faisant saillir les spicules qui saisissent et entourent l'œuf et le poussent au dehors pour aller le déposer sur le point que l'instinct de la mère a jugé favorable à sa conservation.

B. *Ovipositor de* RHOMBOGNATHUS PASCENS. — L'organe est ici d'une forme très-différente de celle que je viens de décrire sur *Halacarus actenos*. Il est d'une dimension relativement considérable et forme une saillie d'autant plus visible en arrière de l'anus, que l'organe est fortement teinté en noir, comme la plupart des organes internes des Rhombognathes. Sur *Rh. pascens*, l'ovipositor est plus long que le rostre et atteint le tiers de la longueur totale de l'animal.

L'organe, dans son ensemble, a la forme d'une tulipe renversée, par suite de la présence d'une membrane fine et transparente qui enveloppe l'organe central en forme de doigt de gant : celui-ci ne porte que quatre griffes ou spicules, beaucoup plus courts que ceux d'*Halacarus actenos*. La membrane d'enveloppe est largement échancrée en avant, de telle sorte qu'elle semble beaucoup plus longue en arrière, point où elle est fendue sur la ligne médiane (il est possible que cette fente ne soit qu'une déchirure de la membrane). L'organe central en doigt de gant ressemble beaucoup plus à l'ovipositor des *Oribatidæ* que celui d'*Halacarus actenos*

(V. : pl. X, fig. *b*, l'organe vu par dessous; *b'* le même vu par dessus et dans l'extension complète).

Quant à l'organe mâle (pénis) des Halacariens, la forme qu'il affecte lorsqu'il est dans l'extension n'est pas encore connue. Sur les préparations, on le voit par transparence, à l'intérieur de l'abdomen, affectant la forme d'un *losange plus ou moins élargi*, en avant du cadre génital. En outre, on distingue toujours le cadre génital des mâles à sa forme un peu différente (moins allongée, cordiforme plutôt qu'ovale), à ses dimensions plus petites, et à la *couronne de soies beaucoup plus abondante*, et souvent disposée sur plusieurs rangs, qui l'entoure.

II. — ANALYSE DES DIVERSES RÉCOLTES ET TABLEAU DES ESPÈCES QU'ELLES RENFERMENT.

M. Henri GADEAU DE KERVILLE a mis à ma disposition une douzaine de fonds de dragages ou de récoltes d'algues (Corallines, Floridées, etc.) faites à mer basse. Il serait fastidieux d'énumérer séparément les résultats de chacune de ces récoltes, attendu que, dans la plupart des cas, les mêmes espèces y sont représentées. Je grouperai donc sous quatre chefs différents les récoltes qui me semblent appartenir à une seule et même faune :

1. DRAGAGES A L'OUEST ET PRÈS DE GRANVILLE, par 1 à 9 m. au-dessous des plus basses mers; fond d'algues vertes et rouges; (juillet-août 1893). — On y trouve les espèces suivantes :

Rhombognathus (3 sp.).	. . . .	**CC.**
Halacarus spinifer.	. . . .	**C.**
—	*ctenopus*	**R.**
—	*actenos*	**AC.**
—	*anomalus*	**R.**
—	*Fabricii*	**R.**
—	*glyptoderma*	**RR.**

Halacarus rhodostigma . . . . AR.
   —   *oculatus* . . . . AR.
   —   *gracilipes.* . . . . C.
   —   *gibbus* . . . . R.
Leptognathus falcatus . . . . AR.
Scaptognathus Hallezi . . . . RR.

Deux espèces (*Hal. glyptoderma* et *Scaptognathus Hallezi*) ne sont représentées chacune que par un seul individu.

2. DRAGAGES SUR FOND DE VASE NOIRATRE, A L'OUEST ET PRÈS DE GRANVILLE, par 1 à 5 m. 50 au-dessous des plus basses mers ; algues vertes et brunes ; (août 1893). — Il est à remarquer que les Copépodes de ce dragage sont tous noirs comme les Rhombognathes ; les *Halacarus* sont d'un rouge foncé :

Rhombognathus (3 sp.) . . . . CC.
Halacarus spinifer . . . . AC.
   —   *actenos* . . . . AR.
   —   *Fabricii.* . . . . R.
   —   *rhodostigma* . . . . R.
   —   *gibbus* . . . . R.
   —   *Chevreuxi* . . . . R.
Leptognathus falcatus. . . . . R.

La plupart des espèces signalées comme *rares* ne sont représentées que par un seul individu. A part les Rhombognathes, la faune est pauvre en Halacariens.

3. CORALLINES RÉCOLTÉES A MARÉE BASSE dans des flaques d'eau, sur les rochers, entre le Casino de Granville et la pointe du Roc (29 août 1893). La faune de ces Corallines est très-riche, comme le montre la liste suivante qui renferme 18 espèces sur 22 trouvées à Granville :

Rhombognathus (3 sp.) . . . . CC.
Simognathus leiomerus . . . . RR.
Halacarus striatus . . . . R.

Halacarus spinifer	. . . .	CC.
—	*actenos*	AC.
—	*Fabricii*	R.
—	*rhodostigma*	AC.
—	*oculatus*	AC.
—	*tabellio*	AR.
—	*gracilipes*	C.
—	*gibbus* (2 var.)	AR.
—	*Chevreuxi*	C.
Agaue brevipalpus	. . . .	AR.
—	*microrhyncha*	AR.
Leptognathus falcatus	. . . . . .	AR.
—	*Kervillei*	R.

Les Corallines offrent donc, même dans des localités qui découvrent, comme celle-ci, à chaque marée, une faune halacarienne très-riche en espèces et en individus (300 individus environ d'*Halacarus spinifer*).

Il n'est pas sans intérêt de noter ici que l'animal le plus commun sur ces Corallines est un Copépode, l'*Ilyopsyllus coriaceus* B. et R., très-remarquable par sa couleur d'un rouge intense. J'aurais pu en recueillir facilement plus de mille individus sur des Corallines équivalant à deux ou trois litres d'algues au plus. Ce fait s'explique par les habitudes sédentaires de ce petit Copépode qui paraît se plaire dans les racines des Corallines, et n'avait jamais été rencontré sur les côtes de France avant l'époque où je l'ai signalé *dans l'eau de lavage des coquilles d'huîtres* transportées à Paris pour servir à l'alimentation. Cette espèce ne se rencontre jamais dans les pêches au filet fin, ses habitudes étant analogues à celles des Halacariens, c'est-à-dire algicoles et sédentaires.

4. ILES CHAUSEY, A MARÉE BASSE, DANS L'EAU ; fond d'algues vertes et rouges ; (août 1893). — On y trouve les espèces suivantes :

Rhombognathus (3 sp.)	C C.
Halacarus spinifer.	C.
— *rhodostigma.*	A R.
— *oculatus*	A R.
— *tabellio.*	R.
— *gracilipes.*	C.
— *Chevreuxi.*	R.
Agaue brevipalpus	A R.
Leptognathus Kervillei	R.

On voit que cette faune est la même que celle de Granville : elle semble moins riche, ce qui tient vraisemblablement à ce que les recherches opérées dans cette localité ont été moins nombreuses qu'à Granville.

En résumé, si l'on compare cette faune du département de la Manche, d'une part à celle du Pas-de-Calais, de l'autre à celle des côtes de l'Océan (Brest, Le Croisic, île de Ré, Saint-Jean-de-Luz), on voit que la faune halacarienne présente une assez grande uniformité du Portel à Saint-Jean-de-Luz, c'est-à-dire sur tout le littoral de la France baigné par la Manche et l'Atlantique. La faune de la Méditerranée est à peine plus distincte, autant du moins qu'il est permis d'en juger par le peu que l'on en connaît.

Par contre, la faune des côtes de France est assez distincte de celle de la Baltique, telle qu'elle nous est connue par les recherches de LOHMANN. Les trois ou quatre espèces de cette mer intérieure, qui n'ont pas encore été trouvées sur les côtes de France, sont largement compensées par la présence de types tels qu'*Halacarus gibbus, H. actenos, H. Chevreuxi, Leptognathus Kervillei*, etc., et de genres tels que *Simognathus, Acaromantis, Coloboceras, Agaue, Scaptognathus*, qui manquent dans la Baltique. La faune des côtes de l'Océan est beaucoup plus riche et plus variée, et cette différence s'accuse déjà dès le département de la Manche, et même dès le détroit du Pas-de-Calais.

III. — REVUE MÉTHODIQUE DES ESPÈCES
ET DESCRIPTION DES ESPÈCES ET VARIÉTÉS NOUVELLES.

Sur les 22 espèces d'*Halacaridæ* récoltées par M. Henri
GADEAU DE KERVILLE, 3 sont tout à fait nouvelles et décrites
ici pour la première fois ; en outre, une variété (*Halacarus
gibbus remipes*) est signalée dans la Manche pour la première fois. Enfin, deux autres espèces (*Hal. tabellio* et
Scaptognathus Hallezi) n'avaient encore été trouvées que
dans le Pas-de-Calais, ce qui porte à *six* le nombre des
espèces (ou variétés) rares ou nouvelles comprises dans ces
récoltes.

En signalant ici les espèces de Granville et des îles
Chausey, j'indiquerai celles de ces espèces qui ont été récol-
tées, à la même époque, par M. MALARD à Saint-Waast-la-
Hougue, par M. BAVAY sur les côtes du Finistère, par
M. Ph. ROUSSEAU à l'île de Ré, par M. G. NEUMANN à Saint-
Jean-de-Luz, etc.; ces localités n'ont encore été l'objet
d'aucun travail d'ensemble.

Famille des HALACARIDÆ.

Genre Rhombognathus TRT., 1888.

Aletes LOHM., 1888. — *Pachygnathus* (partim) GOSSE, 1885.

1. Rhombognathus pascens LOHM.

1889. LOHMANN, *Unterfam. Halacarinœ*, p. 64, fig. 64, 70.

J'ai figuré (pl. X, fig. 3 *b*, *b'*) l'oviscapte (*ovipositor*) de la
femelle de cette espèce, dont la forme est très-remarquable
et dont j'ai donné ci-dessus (p. 147) la description.

L'espèce est très-commune sur nos côtes dans la zone
littorale (Baltique, Manche, Océan), sur les algues rouges.
— Granville (par 1 à 9 m.) ; Corallines des flaques d'eau
entre le Casino de Granville et la pointe du Roc; îles
Chausey.

2. **Rhombognathus Seahami** (HODGE).

1860. *Pachygnathus Seahami* HODGE, *Trans. Tyneside Nat. Field Club*, IV et V.

1889. *Aletes Seahami* LOHMANN, *Unterfam. Halacarinæ*, p. 57, fig. 88, 91.

Cette espèce, presqu'aussi commune que la précédente, l'accompagne partout. Elle vit sur les Corallines et les algues vertes et brunes. Mêmes localités.

3. **Rhombognathus magnirostris** TRT.

1889. TROUESSART, *Le Naturaliste*, 11ᵉ année, p. 181.
1889.   Id.   *Revue synoptique des* Halacaridæ *(Bull. Scient. de la France et de la Belgique,* XX, p. 231).

Cette espèce n'est peut-être qu'un variété de grande taille de *Rh. notops* (GOSSE). Cependant la présence de *deux poils pennés* aux quatre paires de pattes, et ses formes plus élancées, la distinguent nettement des autres espèces de nos côtes, qu'elle surpasse en dimensions.

C'est une forme méridionale qui se retrouve dans la Méditerranée. — Assez commune à Granville et aux îles Chausey. Elle se montre déjà dans le Pas-de-Calais, mais fait défaut dans la Baltique.

Genre Simognathus TRT., 1889.

Fig. 1. — Patte antérieure de *Simognathus sculptus* (× 200).

4. **Simognathus leiomerus** TRT., n. sp.

(Pl. VII, fig. 1, 1 *a*, 1 *b*).

CARACTÈRES. — Semblable à *S. sculptus* (BRADY) par sa taille et ses proportions, mais en différant par les caractères suivants : *pattes antérieures lisses,* dépourvues de sculptures. *Pas de plaques oculaires* ni d'œil impair sur la plaque de l'épistome. Le pénultième article des palpes porte près de son extrémité un petit tubercule surmonté d'une soie raide. Un poil penné (pinnatifide) à l'angle antéro-interne des trois paires de pattes postérieures. Les griffes des trois paires postérieures sont ciliées. Le cadre génital mâle (pl. VII, fig. 1 *b*) ne porte qu'un seul cercle de soies courtes. L'anus est terminal.

D'ailleurs semblable à *S. sculptus.* — L'absence de plaques oculaires est le principal caractère qui distingue les deux espèces. Le *S. leiomerus* semble complètement aveugle.

Habitat. — Un seul individu (mâle) se trouvait sur les Corallines récoltées, à marée basse, dans les flaques d'eau entre le Casino et la pointe du Roc, à Granville. — Les spécimens du genre *Simognathus* sont partout assez rares, et il en est de même de ceux du genre voisin *Acaromantis.* La forme des pattes antérieures dans ces deux genres semble indiquer que ces Acariens se nourrissent de proies vivantes, probablement de petits Annélides, qu'ils saisissent à l'aide de ces pattes formant pince (*Acaromantis*), ou munies de piquants robustes opposables aux griffes (*Simognathus*), et constituant une véritable main.

Genre **Halacarus** Gosse, 1855.

5. **Halacarus striatus** Lohm.

1889. Lohmann, *Unterfam. Halacarinœ,* p. 74, fig. 47.
1888. *Halacarus inermis* Trouessart, *C. R. Acad. des Sciences,* CVII, p. 754 (sans description).
1889. Trouessart, *Revue synoptique,* loc. cit., p. 238.

Cette espèce se trouve dans la Baltique, la Mer du Nord (sur *Thuiaria thuia,* par M. Giard), le Pas-de-Calais (par M. Hallez), et au Croisic (par M. Chevreux). — Elle a été récoltée par M. Henri Gadeau de Kerville sur les Corallines, entre le Casino et la pointe du Roc, à Granville, où elle est rare (3 spécimens).

6. **Halacarus spinifer** Lohm.

1889. Lohmann, *Unterfam. Halacarinæ*, p. 75, fig. 101, 102.
1888. *Halacarus globosus* et *H. ctenopus* (partim) Trt.
1889. Trouessart, *Revue synoptique*, loc. cit., p. 238.

C'est l'espèce du genre *Halacarus* la plus grande et la plus commune sur nos côtes, dans la zone littorale. Ainsi que je l'ai dit ci-dessus (p. 144), on ne trouve, pendant l'été (juillet à septembre), que des nymphes. Les adultes commencent à se montrer à l'automne et sont surtout communs pendant l'hiver (janvier à mars) sur les Corallines.

Très-commune partout : Granville, îles Chausey, etc. Elle est représentée dans la Méditerranée par une espèce ou variété très-voisine.

7. **Halacarus ctenopus** Gosse.

1855. Gosse, *On new and little known marine animals* (Ann. and Mag. Nat. Hist., XVI, p. 28, pl. III, fig. 6-10).
1893. Lohmann, *Halacarinen Plankton-Exped.*, p. 72, pl. IX, fig. 2, 4 et 5.

Cette espèce, d'abord découverte sur les côtes d'Angleterre, est partout assez rare sur les côtes de France. — Elle se trouve dans la Manche et dans l'Océan. Trois individus (adultes) se trouvaient dans les dragages faits à l'Ouest et près de Granville. Elle est moins littorale que l'*H. spinifer ;* cependant elle ne se trouve pas dans les dragages faits, au Portel, à une profondeur de plus de 25 mètres. Elle n'est pas connue dans la Baltique, mais se retrouve aux Bermudes (Lohmann).

8. **Halacarus actenos** Trt.

1889. Trouessart, *Revue synoptique*, loc. cit., p. 239.
1893. Lohmann, *Halacarinen Plankton-Exped.*, p. 73, pl. X,
    fig. 1, 2.

Cette grande et belle espèce est littorale comme *H. spinifer*, mais beaucoup moins commune. En outre, on trouve les adultes, les nymphes et les larves ensemble dans la même localité, ce qui la différencie d'*H. spinifer*.

J'ai décrit ci-dessus (p. 146) l'oviscapte (*ovipositor*) de la femelle, qui est figuré pl. X, fig. 2 *a, a', a"*.

L'espèce est assez commune à Granville, notamment sur les Corallines. — Elle se retrouve au Portel (Hallez), sur les côtes du Finistère (île Tudy, anse Benodet, par M. Bavay), au Croisic (Chevreux), à l'île de Ré (Rousseau), et s'étend jusqu'au Cap-Vert sur la côte d'Afrique (Lohmann).

9. **Halacarus anomalus** Trt., n. sp.

(Pl. VII, fig. 2, 2 *a*-2 *d*).

Caractères. — Voisin d'*Halacarus actenos*, mais bien distinct de toutes les espèces du même groupe (groupe « *Spinifer* » Lohmann), par les caractères suivants : — *Cuirasse très-réduite*, les plaques notogastrique et sternale présentant une lacune sur la ligne médiane, c'est-à-dire divisées chacune en *deux petites plaques symétriques. Pattes postérieures insérées très en arrière*, près de l'anus, au niveau de la courte plaque ventrale. Rostre et tronc fortement comprimés. *Épine* du pénultième article *des palpes rudimentaire*, réduite à un tubercule très-court, émoussé. Articles des pattes cylindriques; une échancrure très-courte et très-élevée au tarse. Griffes non pectinées. Taille inférieure à celle des autres espèces du groupe (*H. actenos* et *ctenopus*).

Corps en ovoïde allongé, comprimé, presque cylindro-conique, les pattes formant deux groupes très-éloignés l'un de l'autre : les

1re et 2e paires accolées au rostre, les 3e et 4e à la partie postérieure de l'abdomen.

Rostre grand, allongé, comprimé, cylindrique, à peine dilaté à
la base, bien dégagé du tronc, mais non étranglé, atteignant la
moitié de la longueur de celui-ci, ou le tiers de la longueur totale
sans les pattes. Partie basilaire allongée, représentant plus du tiers
de la longueur totale du rostre et égalant celle de l'hypostome. Hypostome allongé, elliptique, à peine dilaté à sa base. Chélicères
droites, longues, munies d'une forte dent en forme de couteau à
arête finement dentelée. Palpes dépassant la pointe de l'hypostome de la longueur des deux derniers articles ; le premier article
court, cylindrique, le second plus de trois fois plus long, un peu
renflé dans sa partie médiane, le troisième de la longueur du
premier, portant en dedans une courte épine conique, souvent
émoussée ou obsolète, le dernier en forme de griffe, fortement
recourbé dans son dernier tiers, ayant à peu près la moitié
de la longueur du second.

Tronc cylindro-conique, tronqué en avant pour l'insertion du
rostre, conique en arrière, l'anus étant terminal. On ne voit
aucune trace de sillon thoracique sur les flancs, la partie
moyenne du tronc ayant la forme d'un ovoïde régulier recouvert
de téguments finement plissés. Une seule paire de soies longues
et grêles sur les flancs, à égale distance des 2e et 3e paires de
pattes.

Face dorsale fortement bombée, présentant en avant la *plaque
de l'épistome* qui est étroite, ne recouvrant que le tiers de
la largeur du corps, coupée carrément en avant et laissant le
rostre complètement découvert, arrondie par une courbe ovale ou
elliptique en arrière, deux fois plus longue que large, lisse ou
finement grenue sans trace de sculptures ; cette plaque porte de
chaque côté, au niveau de l'insertion de la 2e paire de pattes, un
oscule (ou *spiraculum*) beaucoup moins saillant que chez *Hal.
ctenopus*, et, un peu en arrière de la partie moyenne, une paire de
longues soies. — Il n'y a pas trace de plaques oculaires ni d'œil
médian impair. — La *plaque notogastrique* est représentée par
deux petites plaques symétriques, elliptiques, séparées par une
étendue de téguments plissés plus large que chacune d'elles, s'é-
tendant depuis le niveau de l'insertion de la 3e paire jusqu'au
dessus de l'anus, bien séparées en avant, confluentes en arrière,

mais sans se toucher. Chacune de ces plaques porte deux oscules sur son bord externe, l'un en avant, l'autre en arrière.

Face ventrale à peine moins bombée que la face dorsale; *plaque sternale* remplacée par deux plaques symétriques, séparées sur la ligne médiane, et qui représentent simplement les épimères des deux paires de pattes antérieures, soudées de chaque côté. — *Plaques coxales* réduites aux épimères des deux paires postérieures qui sont soudées de chaque côté, situées très en arrière, ayant leur bord antérieur au niveau du tiers postérieur du tronc. — *Plaque ventrale* presque réduite au *cadre génital* qui est grand, ovale, tronqué en arrière, présentant chez le mâle, de chaque côté de la commissure postérieure de l'ouverture génitale, une petite plaque elliptique disposée obliquement d'avant en arrière et qui porte une seule rangée de soies (pl. VII, fig. 2 *d*).

Pattes de force moyenne assez semblables à celles d'*H. gracilipes*, c'est-à-dire presque cylindriques, ayant sensiblement la longueur du tronc sans le rostre; les trois paires postérieures manifestement *infères* et non latérales comme chez les autres Halacariens. Ces pattes ne portent qu'un très-petit nombre de soies raides ou flexibles.

Pattes de la 1re paire accolées au rostre et dirigées en avant, plus fortes et plus longues d'un tiers que celles de la 2e paire. Les deux premiers articles très-courts; le 3e robuste, plus long que tous les autres, portant à son extrémité en dessous une très-petite soie raide; le 4e un peu plus court, portant à son extrémité deux soies raides sur une même ligne; le 5e un peu plus long, portant vers le milieu de sa face inférieure deux soies raides disposées obliquement, dont l'antérieure est très-courte, et deux soies longues et flexibles, plus en avant; le 6e ou tarse plus court, plus grêle, cylindrique à extrémité tronquée carrément, portant une gouttière unguéale très-haute et très-courte et deux ongles, recourbés à angle droit, beaucoup plus courts que ceux de la 2e paire. Pièce médiane en crochet très-petite ou nulle. Une paire de cirres très-grêles et une soie longue et grêle à la base de la gouttière. Ongles non pectinés et à dent latérale faible ou nulle.

Pattes de la 2e paire insérées un peu en arrière des précédentes dont elles sont plus séparées que les deux paires postérieures ne le sont entre elles; beaucoup plus courtes et plus faibles que celles de la 1re paire, mais munies d'ongles deux fois plus longs, peu recourbés, mais à dent latérale bien visible; pas de peigne. Gouttière unguéale peu développée, le tarse étant un peu conique à son extrémité distale. Deux soies raides sur une même ligne à l'extrémité du pénultième article.

Pattes des 3e et 4e paires accolées, infères, dépassant l'extré-- mité de l'abdomen des trois derniers articles et de la moitié du quatrième. Le 5e article est le plus long et porte deux soies raides sur une même ligne ; le 4e en porte une seule. Tarse conique, dépourvu de gouttière unguéale. Griffes presque droites avec la pièce médiane en crochet bien visible. Une dent latérale faible, mais pas de peigne.

Dimensions : Longueur totale $=$ 0 millim. 60 (avec le rostre, sans les pattes).

HABITAT. — Cette remarquable et rare espèce a été découverte à Granville, par M. Henri GADEAU DE KERVILLE. Elle se trouve sur les algues rouges, par 1 à 9 m. au-dessous des plus basses marées. Une demi-douzaine d'individus adultes ont été trouvés à l'Ouest et près de Granville. Elle n'est encore connue dans aucune autre localité.

Sous-Genre Copidognathus TRT., 1888 (emend., 1893).

Groupe « *Rhodostigma* » LOHMANN (1893).

10. **Halacarus Fabricii** LOHM.

1889. LOHMANN, *Unterfam. Halacarinœ*, loc. cit., p. 79, fig. 81, 82.
1893.   Id.   *Halacarinen Plankton-Exped.*, p. 67, pl. VII, fig. 2, 3, et pl. VIII.

Cette espèce, une des plus grandes de ce sous-genre, se trouve depuis la Baltique jusque dans la Méditerranée et sur toutes les côtes de France baignées par l'Atlantique. Elle n'est pas très-commune à Granville (3 individus seulement). Par contre elle est assez commune dans les huîtrières de Porsguen (rade de Brest, par M. BAVAY), où sa couleur est d'un brun enfumé, et dans la baie de Benodet (île Tudy, BAVAY), où sa couleur est d'un rouge grenat carminé.— Ces

variations de couleur tiennent au genre de nourriture. —
L'espèce se trouve aussi à l'île de Ré (Pertuis-Breton, par
M. Rousseau), dans les huîtrières de Marennes (Trouessart),
et s'étend jusqu'au Cap-Vert (Lohmann), sur la côte occidentale d'Afrique.

11. **Halacarus glyptoderma** Trt.

1889. Trouessart, *Revue synoptique,* loc. cit., p. 241.
1893.   Id.   *Au Bord de la Mer*, p. 209, fig. 92.

Un seul spécimen de cette rare espèce a été trouvé dans
les dragages à l'Ouest et près de Granville, par 1 à 9 m.
au-dessous des plus basses marées. — Le type provenait
de l'eau de lavage des huîtres de Marennes (Charente-
Inférieure). Sa couleur est toujours plus ou moins transparente et beaucoup plus claire que celle de l'espèce précédente, ce qui la rapproche des espèces suivantes.

12. **Halacarus rhodostigma** Gosse.

(Pl. VIII, fig. 1, 1 *a*).

1855. Gosse, *On new and little known marine animals* (Ann.
and Mag. of Nat. Hist., XVI, p. 27 et 305, pl. 3 et 8).

Cette espèce et les deux suivantes sont très-voisines l'une
de l'autre et faciles à confondre, d'autant plus qu'on les
rencontre souvent toutes trois ensemble dans les mêmes
localités. Lohmann n'ayant pas eu à sa disposition de types
de la présente espèce, a proposé de lui réunir *Hal. oculatus* (Hodge), seule espèce qu'il ait trouvée dans la Baltique.
Les figures de la pl. VIII, représentant comparativement les
trois espèces, et le tableau suivant, permettront de les distinguer nettement.

Tableau des trois espèces du sous-groupe « *Rhodostigma* » proprement dit,
connues sur les côtes de la Manche et de l'Océan.

(Voyez : Pl. VIII, 1, 2 et 3).

Cuirasse complète, taille petite, pattes robustes, dernier article des palpes très-long et très-grêle.

a. *Rostre* triangulaire, à base large, l'hypostome *très-court* n'atteignant pas l'extrémité du 2ᵉ article des palpes, à peine plus long que large. Toutes les plaques couvertes de *fovéoles étoilés* ; la plaque notogastrique *dépourvue de bandes longitudinales* saillantes. Plaques oculaires *terminées en arrière par une pointe courte*, sans appendice. — Long. tot. = 0 millim. 55. *H. rhodostigma.*

b. Rostre comprimé, l'hypostome *allongé* atteignant ou dépassant le 2ᵉ article des palpes. Des *bandes longitudinales* plus ou moins saillantes sur la plaque notogastrique.

b'. Hypostome *très-long* atteignant la base du dernier article des palpes. Plaques oculaires terminées en arrière par *une pointe assez aiguë*, mais sans appendice en forme de queue. Une impression saillante en forme d'OO accolés sur la plaque de l'épistome. — Long. tot. = 0 millim. 50. *H. tabellio.*

c. Hypostome *allongé* atteignant l'extrémité du 2ᵉ article des palpes. *Plaques oculaires se prolongeant postérieurement en une bande plus ou moins large, en forme de queue*, aussi longue que la plaque elle-même. — Long. tot. = 0 millim. 40. *H. oculatus.*

Ces trois espèces sont également bien distinctes, par les caractères sus-indiqués, de celles du même groupe décrites par LOHMANN (*Halacarinen Plankton-Exped.*, loc. cit.), sous les noms d'*Halacarus lamellosus*, *H. speciosus*, *H. pulcher*, et de celles que j'ai décrites moi-même[1] sous les noms d'*H. Poucheti*, *H. reticulatus*, et qui ne se trouvent pas d'ailleurs sur les côtes de France.

CARACTÈRES (d'*Halacarus rhodostigma*). — Hypostome triangulaire, court, à peine plus long que large; rostre à base très-large. Plaques oculaires courtes, anguleuses en arrière, mais sans prolongement en forme de queue. Cuirasse complète; les plaques ne laissant entre elles, dessus et dessous, que des espaces linéaires : toutes ces plaques uniformément couvertes de *fovéoles étoilés* ou en rosace, affectant la disposition figurée par LOHMANN (d'après une autre espèce), sur la pl. VI (fig. 4 à 8) des *Halacarinen der Plankton-Expedition*. Troisième article des pattes de la 1re paire dilaté et fovéolé. La plaque de l'épistome est renflée en avant, formant une petite bosse bien visible de profil, et qui porte l'œil impair. La plaque notogastrique est uniformément couverte de fovéoles étoilés *sans bandes longitudinales saillantes*. Il n'y a pas de gouttière unguéale au tarse et les griffes ne sont pas ciliées. C'est la plus grande des trois espèces : Long. tot. $= 0$ millim. 55.

HABITAT. — Cette espèce, trouvée d'abord sur les côtes d'Angleterre (mer du Nord et Manche), est répandue sur toutes les côtes de France (Pas-de-Calais, département de la Manche, Océan). — A Granville, elle est assez commune sur les Corallines, et se trouve aussi aux îles Chausey, où elle est plus rare. — Trouvée au Portel (entre 36 et 58 m.

---

(1) TROUESSART, Voyage de *La Manche* à l'île Jan-Mayen et au Spitzberg, p. 255, 1894. — Id., *Révision des Acariens des Régions arctiques* (Mémoires de la Société nation. des Sciences natur. et mathémat. de Cherbourg, t. XXIX, p. 193).

de profondeur, par M. HALLEZ), et à Brest par M. BAVAY (huitrières de Porsguen). Elle manque dans la Baltique.

13. **Halacarus tabellio** TRT., n. sp.

(Pl. VIII, fig. 3, 3 *a*).

1893. *Halacarus n. sp.*, TROUESSART, *Note sur les Acariens marins du Pas-de-Calais*, loc. cit., p. 19.

CARACTÈRES. — Hypostome très-allongé atteignant la base du dernier article des palpes. Rostre comprimé, à base étroite. Cuirasse complète à plaques séparées par des espaces linéaires; les plaques de cette cuirasse présentant des fovéoles de forme variable suivant le point où on les examine (fovéoles simples, fovéoles étoilés, rosaces irrégulières, etc.). Plaques oculaires assez courtes, mais terminées en arrière par une pointe assez aiguë qui ne se prolonge pas cependant en forme de queue. Plaque notogastrique présentant deux bandes saillantes longitudinales. Troisième article des pattes des deux paires antérieures dilaté et fovéolé, comme dans l'espèce précédente. Sur les individus des pays chauds (baie de Dakar, Sénégal), la 2' paire présente des expansions lamelleuses semblables à celles d'*H. lamellosus* (LOHM.)[1]; ces expansions sont rudimentaires sur les spécimens des côtes de France. Griffes non pectinées; tarse muni d'une gouttière unguéale à toutes les pattes. — Long. tot. $= 0$ millim. 50.

La plaque de l'épistome porte une impression saillante et fovéolée en forme de *panonceaux*, ou figurant deux O majuscules accolés (OO), d'où le nom de « *tabellio* ».

Cette espèce est voisine d'*Hal. lamellosus* (LOHM.) ; mais cet auteur n'assigne à son espèce que 0 millim. 29 sur les plus grands exemplaires. L'*Hal. tabellio* est beaucoup plus

---

(1) LOHMANN, *Halacarinen Plankton-Exped.*, p. 69, pl. VII, fig. 1.

grand, atteignant presque la taille d'*Hal. rhodostigma*. En outre, les saillies et bandes des plaques dorsales font défaut sur *H. lamellosus*.

HABITAT. — Se trouve, à Granville, sur les Corallines des flaques d'eau, entre la pointe du Roc et le Casino, à marée basse ; elle y est assez rare. Elle se trouve également dans les dragages, à l'Ouest et près de Granville (fond d'algues rouges), par 1 à 9 m., et aux îles Chausey. — L'espèce est répandue sur toutes les côtes de France à partir du Pas-de-Calais (HALLEZ), et se trouve à Saint-Waast-la-Hougue (sur les *Litholhamnion*, par M. MALARD), à Brest (BAVAY), à l'île de Ré (ROUSSEAU), dans la Méditerranée (Villefranche, par CHEVREUX), et sur la côte occidentale d'Afrique (Dakar, Sénégal, par CHEVREUX).

14. **Halacarus oculatus** HODGE.

(Pl. VIII, fig. 2, 2 *a*).

1860. HODGE, *Contribution to the Zoology of Seaham Harbour*, I et II (Transact. Tyneside Natur. Field Club, 1860, vol. IV et V).

1889. LOHMANN, *Unterfam. Halacarinæ*, loc. cit., p. 82, pl. II, fig. 67, 68.

CARACTÈRES. — Plaques oculaires se prolongeant postérieurement en deux bandes plus ou moins larges en forme de queue, s'étendant jusqu'à la hauteur de la troisième paire de pattes. Hypostome atteignant l'extrémité du 2° article des palpes. Plaques à fovéoles simples, non étoilés ou en rosaces. Deux bandes longitudinales saillantes sur la plaque notogastrique. — Long. tot. = 0 millim. 40.

La forme allongée des plaques oculaires rapproche cette espèce des suivantes (*Hal. gracilipes, H. gibbus*), tandis que par ses autres caractères et son apparence générale, elle se rapproche des deux précédentes.

Habitat. — Se trouve, à Granville sur les Corallines, dans les dragages à l'Ouest et près de cette ville (fond d'algues rouges), et aux îles Chausey. — L'espèce se trouve dans la Baltique (Lohmann), sur les côtes d'Angleterre (mer du Nord, Hodge), dans le Pas-de-Calais (Hallez), et de là sur presque toutes les côtes de France, notamment dans les huîtrières d'Arcachon (Trouessart).

15. **Halacarus gracilipes** Trt.

1889. Trouessart, *Revue synoptique*, loc. cit., p. 243.

Cette espèce se distingue, à première vue, des précédentes, par la forme grêle et cylindrique des pattes. Sous ce rapport elle se rapproche plutôt, toutes proportions gardées, d'*Hal. Murrayi*. — Elle présente deux variétés, d'après les sculptures de la cuirasse :

A. *H. gracilipes* (proprement dit), dont la plaque notogastrique porte deux bandes longitudinales dilatées dans leur tiers postérieur et finement fovéolées ;

B. *H. quadricostatus*, var. dont la plaque notogastrique porte quatre côtes saillantes longitudinales, séparées par des aires longitudinales largement fovéolées ou réticulées ; taille plus grande que dans la variété précédente.

Habitat. — Cette espèce est commune sur toutes les côtes de France. Elle se trouve, à Granville et aux îles Chausey, dans presque toutes les récoltes de M. Henri Gadeau de Kerville. — Elle manque dans la Baltique, mais se trouve sur les côtes d'Angleterre (îles Scilly, par M. Brady), et sur toutes les côtes de France : Pas-de-Calais (Hallez), où elle accompagne *H. Murrayi* jusqu'à 58 m. de profondeur ; huîtrières de la rade de Brest (Bavay) ; Le Croisic (Chevreux) ; île de Ré (Rousseau), etc. ; Méditerranée (Marseille, Villefranche, Marius Aubert, Chevreux), et de là jusqu'à Dakar, sur la côte occidentale d'Afrique (Chevreux).

16. **Halacarus gibbus** Trt.

(Pl. IX, fig. 1, 2, 3).

1889. Trouessart, *Revue synoptique*, loc. cit., p. 244.

Cette remarquable espèce présente, sur les côtes de l'Océan, trois variétés bien distinctes dont les caractères sont indiqués dans le tableau suivant :

a. Pattes assez longues et grêles, mais à lamelles membraneuses bien développées. Cuirasse très-forte avec la crête ou bosse de l'épistome très-saillante. Rostre à base courte et large, armé de chaque côté d'une dilatation triangulaire dont la pointe dirigée en avant s'étend jusqu'au niveau de l'insertion des palpes. Téguments peu colorés. — Long. tot. = 0,45...................... *H. gibbus* (var. type).

b. Formes plus normales, plus semblables à celles du groupe « *Rhodostigma* ». Pattes plus courtes et plus robustes. Rostre robuste, mais à base moins large et dépourvue des dilatations triangulaires qui caractérisent le type. Téguments peu colorés. — Long. tot. = 0,40.......... *H. gibbus* (var. *britannica*).

c. Taille plus petite, formes plus allongées ; bosse peu saillante. Pattes postérieures munies d'expansions transparentes presqu'aussi développées que celles des pattes antérieures (ce qui n'est pas le cas dans les deux variétés précédentes). Couleur brune ou olivâtre, assez foncée. — Long. tot. = 0,35 . ... *H. gibbus* (var. *remipes*).

Ces trois variétés sont assez distinctes pour qu'on puisse les considérer comme trois espèces différentes.

Le type n'a été trouvé qu'au Croisic (par CHEVREUX).

Les deux autres variétés se trouvent dans la Manche ; la première (var. *britannica*), dans le Pas-de-Calais, et dans le département de la Manche, à Granville ; — la seconde (var. *remipes*), dans cette dernière localité et dans la Méditerranée [1].

Ces formes sont partout plus rares que les espèces du sous-groupe « *Rhodostigma* » proprement dit. Elles ne sont encore connues que sur les côtes de France.

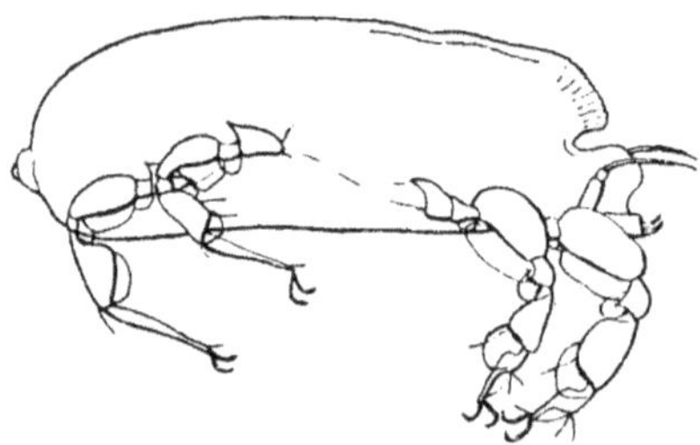

Fig. 2. — *Halacarus gibbus* (type), vu de profil (× 110).

Var. *b*. **Halacarus gibbus** var. **britannica** TRT.

(Pl. IX, fig. 2, 2 *a*).

HABITAT. — Se trouve à Granville, sur les Corallines, et dans les deux autres localités en question explorées par M. Henri GADEAU DE KERVILLE, mais n'a pas été rencontré aux îles Chausey. — Dans le Pas-de-Calais, se trouve sur

(1) Une quatrième variété (*H. gibbus majusculus*, n. var.) se trouve dans la Méditerranée, par 45 m., où elle vient d'être draguée, à La Ciotat (Bouches-du-Rhône), par M. KŒHLER, professeur à la Faculté des Sciences de Lyon. Elle est plus grande que toutes les autres (atteignant 0^{mm}, 50), et, par sa cuirasse fortement chitinisée, à pointes et lames très-développées, elle se rapproche plus d'*H. gibbus* (type) que d'*H. gibbus remipes* précédemment connu des zones littorales de la Méditerranée (septembre 1894).

les Éponges, par 25 m. (*Le Muroquoi*, par M. HALLEZ). N'est pas connu ailleurs.

Var. *c.* **Halacarus gibbus** var. **remipes** TRT.

(Pl. IX, fig. 3, 3 *a*).

HABITAT. — J'ai découvert cette intéressante variété sur la *Mousse de Corse* (*Gigartina helminthocorton*) des pharmacies, où elle est généralement assez commune. — Elle se retrouve sur les Corallines des flaques d'eau, à marée basse, entre le Casino et la pointe du Roc, à Granville (M. Henri GADEAU DE KERVILLE). Elle appartient à la zone littorale.

Sous-Genre Leptospathis TRT., 1894.

17. **Halacarus Chevreuxi** TRT.

1889. TROUESSART, *Revue synoptique*, loc. cit., p. 245.
1893. LOHMANN, *Halacarinen Plankton-Exped.*, p. 58 et 63,
   pl. IV, fig. 3-7, 10-11.

Ainsi que je l'ai indiqué ci-dessus, on trouve dans le même dragage des adultes, des nymphes de tout âge et des larves vivant ensemble, ce qui indique que le cycle évolutif de l'espèce ne présente pas la régularité de celui d'*H. spinifer*[1].

HABITAT. — Se trouve sur les Corallines de Granville, sur le fond de vase noirâtre à l'Ouest et près de cette ville, et aux îles Chausey. L'espèce est surtout commune sur les Corallines. Elle manque dans la Baltique, mais se trouve

---

[1] Les individus de la Méditerranée que je viens de recevoir de M. KŒHLER (La Ciotat, août-septembre 1894), ont les lames des pattes aussi développées que celles de l'*Hal. nationalis* figuré par M. LOHMANN (*Plankton-Exped.*, loc. cit., pl. I) et diffèrent par conséquent beaucoup du spécimen figuré par le même naturaliste, sous le nom d'*H. Chevreuxi* (loc. cit., pl. IV, fig. 5), et provenant de Sydney. Il est bon de noter que ce caractère est très-variable suivant les individus, ces lames minces se détachant avec une grande facilité.

dans le Pas-de-Calais (entre 25 et 58 m. sur les Bryozoaires, par HALLEZ); au Croisic (CHEVREUX); à l'île de Ré (Rousseau); à Saint-Jean-de-Luz (NEUMANN); dans la Méditerranée, puis, de là, jusqu'aux îles Canaries (CHEVREUX), et sur la côte méridionale de l'Australie (Sydney, LOHMANN). Son habitat est donc très-étendu.

Genre **Agaue** LOHM., 1889.

18. **Agaue brevipalpus** TRT.

1889. TROUESSART, *Revue synoptique*, loc. cit., p. 247.

HABITAT. — Se trouve dans la zone littorale, notamment sur les Corallines de Granville et aux îles Chausey, où l'espèce n'est pas très-rare. — Elle ne se trouve pas dans la Baltique, mais s'étend depuis le Pas-de-Calais jusque dans la Méditerranée : huîtrières d'Arcachon (TROUESSART), etc.

19. **Agaue microrhyncha** TRT.

1889. TROUESSART, *Revue synoptique*, loc. cit., p. 248.
1893. LOHMANN, *Halacarinen Plankton-Exped.*, p. 76, pl. XI,
    fig. 1, 2 et 5-9.
1894. TROUESSART, *Note sur les Acariens marins du Pas-de-Calais,* loc. cit., p. 22 (var. *minor*, n. var.).

Les individus de Granville appartiennent à la variété *minor*, comme ceux du Pas-de-Calais. La taille est petite, comparable à celle d'*Hal. rhodostigma* ; la forme du corps est allongée avec les pattes antérieures droites, et non noueuses et recourbées comme dans le type de la Méditerranée, et surtout dans la variété à cuirasse fortement chitinisée, décrite et figurée par LOHMANN (*loc. cit.*, pl. XI, fig. 1), d'après des spécimens de Sydney et des Bermudes.

HABITAT. — Cette espèce, plus rare que la précédente, se trouve à Granville sur les Corallines, entre le Casino et la pointe du Roc. Dans le Pas-de-Calais, elle est assez commune (entre 25 et 58 m.) sur les Bryozoaires et les Éponges. De là elle s'étend sur toutes les côtes de France jusque dans la Méditerranée, et se retrouve dans les mers chaudes (Amérique, Australie). Elle n'est pas connue dans la Baltique.

Genre **Leptognathus** Hodge, 1860.

20. **Leptognathus falcatus** Hodge.

1860. Hodge, *Contribution to the Zool. of Seaham Harbour*, loc. cit., I.

1889. Lohmann, *Unterfam. Halacarinœ*, loc. cit., p. 88, 89, fig. 121, 122.

1893. Lohmann, *Halacarinen Plankton-Exped.*, loc. cit., p. 78, pl. XII.

Habitat. — Se trouve à Granville dans les trois localités indiquées de la zone littorale explorée par M. Henri Gadeau de Kerville ; il y est assez commun. Se trouve sur toutes les côtes de France, notamment dans le Pas-de-Calais (entre 25 et 58 m., Hallez), au Croisic (très-commun sur les roches de Castouillet, par 6 m. au-dessous des plus basses marées, Chevreux), et dans la Méditerranée. Au Nord, il s'étend jusqu'aux Hébrides (Lohmann).

21. **Leptognathus Kervillei** Trt., n. sp.

(Pl. X, fig. 1, 1 a, 1 b).

Caractères. — Semblable à *L. falcatus* par la forme du tronc et des pattes, mais très-différent des autres espèces connues du genre par la brièveté du rostre. *Rostre court, très-robuste*, présentant sensiblement les proportions de celui du genre *Scaptognathus*, mais avec les caractères du genre actuel. Hypostome, chélicères et palpes très-courts : le second article de ces derniers n'est que trois fois plus long que le premier. D'ailleurs semblable à *L. falcatus*, mais à formes beaucoup plus lourdes et trapues.

Dimensions : Long. tot. = 0 millim. 60 (avec le rostre).

Par la brièveté et la forme robuste du rostre, cette espèce forme le passage au genre *Scaptognathus*, mais les caractères des palpes sont ceux du genre actuel.

Tronc large, trapu ; la plaque de l'épistome octogone ; les plaques oculaires ovales, grandes et larges ; la plaque notogastrique ovale, un peu tronquée en arrière, portant une impression saillante postérieure en forme de croupion. Toutes ces plaques lisses ou finement grenues.

Le cadre génital ovale, entouré d'une couronne de soies, portant sur ses bords latéraux deux dilatations symétriques en forme d'*anses* (pl. X, fig. 1 *b*).

Pattes assez courtes, à vestiture formée généralement de soies grêles, comme dans *L. falcatus* : la première paire porte deux poils pennés (pinnatifides) à l'extrémité antérieure du pénultième article. Griffes non ciliées.

Pour tout le reste, semblable à *L. falcatus*.

Cette intéressante espèce est dédiée à M. Henri Gadeau de Kerville, qui l'a trouvée aux iles Chausey et à Granville, dans la zone littorale (août 1893).

Habitat. — Une demi-douzaine d'individus d'âge et de sexe différents se trouvaient dans les récoltes faites aux iles Chausey et sur les Corallines, entre le Casino de Granville et la pointe du Roc. L'espèce y est relativement rare. Elle se retrouve à Grandcamp-les-Bains (Calvados ; août 1894, Henri Gadeau de Kerville), et sur les côtes de l'Océan (un seul individu en mauvais état provenant du Croisic, par Chevreux).

Genre **Scaptognathus** Trt., 1889.

Caractères. — Rostre très-grand, séparé du corps par un étranglement bien marqué. Palpes robustes, séparés sur la ligne médiane, de trois articles : le premier très-court, le second très-long, se terminant par une articulation en ginglyme qui maintient l'article terminal recourbé en dessous, à angle droit avec l'axe du rostre ; article terminal en forme de pioche. Mandibules très-grêles, à pointe droite, styliforme. Hypostome élargi en avant en forme de **T** majuscule. Une très-petite pièce additionnelle entre le tarse et les griffes.

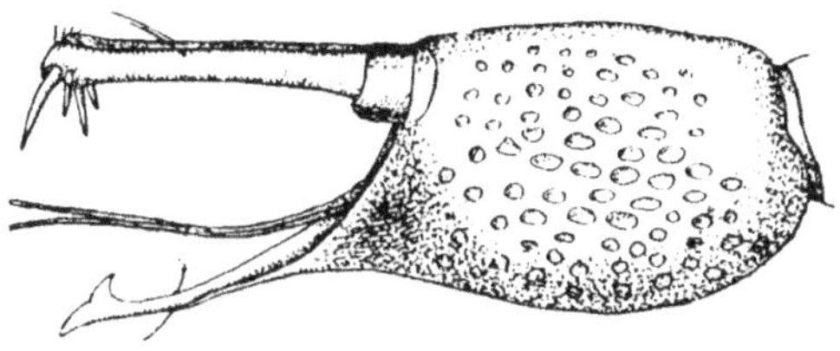

Fig. 3. — Rostre de *Scaptognathus Hallezi*, vu de profil (× 380).

J'ai donné ailleurs (*Note sur les Acariens marins du Pas-de-Calais*, loc. cit., p. 23) la description complète de ce genre et des deux espèces qu'il renferme. Je me contenterai de donner ici le tableau de leurs caractères distinctifs et les caractères de l'espèce trouvée à Granville (*Sc. Hallezi*). La pl. XI figure comparativement les deux espèces.

TABLEAU DES ESPÈCES DU GENRE **SCAPTOGNATHUS**.

(Pl. XI).

Genre SCAPTOGNATHUS.

a. 2ᵉ article des palpes terminé par une *apophyse olécranienne* transparente *longue et grêle* en forme de pointe rabattue par dessous. — Taille assez forte, rostre énorme. — Long. tot. = 0 millim. 75 . . . . *Sc. tridens.*

b. 2ᵉ article des palpes terminé par une *apophyse olécranienne à pointe très-courte*, non rabattue en dessous. — Taille faible, rostre moyen, formes relativement élancées. — Long. tot. = 0 millim. 45 . . . . *Sc. Hallezi.*

22. **Scaptognathus Hallezi** Trt.

(Pl. XI, fig. B).

1894. Trouessart, *Note sur les Acariens marins du Pas-de-Calais*, loc. cit., p. 28, fig. 3.

Caractères. — Plus petit et plus élancé que *Sc. tridens* Trt., avec le rostre beaucoup moins gros, n'ayant que le tiers environ de la longueur totale; pattes relativement plus robustes. Apophyse olécranienne du deuxième article des palpes se terminant par une pointe très-courte, non prolongée en dessous. Les deux piquants internes du 5ᵉ article de la première paire de pattes bien séparés et distants l'un de l'autre. Tarse portant, en dessous, dans sa partie médiane, un piquant qui manque au tarse de l'espèce précédente (fig. 4, 1). La première paire, étendue en avant, dépasse l'extrémité du rostre de la moitié environ de la longueur du tarse.

Dimensions :

Long. tot. = 0 millim. 40 à 45.

Le rostre seul = 0 millim. 15.

La couleur est d'un testacé pâle sur le spécimen du Pas-de-Calais, provenant d'une certaine profondeur; sur l'individu de Granville, provenant de la zone littorale, le tronc était coloré en vert clair. Cette couleur est aussi celle de presque tous les Copépodes et Annélides provenant de la même localité, et dont se nourrit probablement l'Acarien. L'unique individu de Granville porte deux taches de pigment noir (yeux ?) qui font défaut sur celui du Pas-de-Calais.

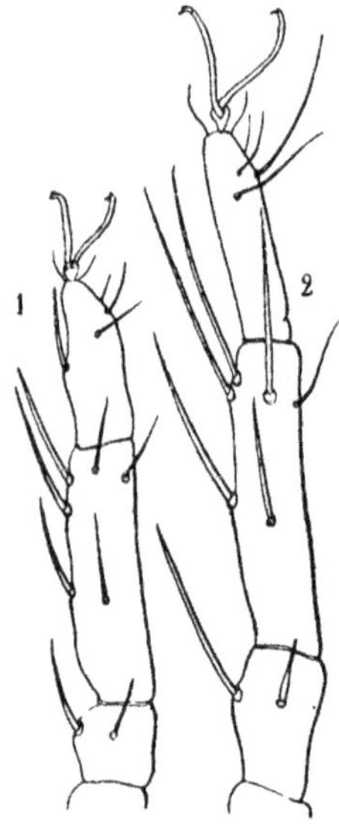

Fig. 4.—Pattes de la 1ʳᵉ paire (gauche), vues par dessous :

1. *Scaptognathus Hallezi* (× 470).

2. *Sc. tridens* (× 330).

Habitat. — Des deux femelles, contenant chacune un œuf, qui ont servi de types à cette rare espèce, l'une a été draguée dans la zone littorale, par M. Henri Gadeau de Kerville, à l'Ouest et près de Granville, par 1 à 9 m. au-dessous des plus basses marées, sur un fond d'algues vertes; — l'autre a été draguée sur des Flustres, à 57 m. 75 de profondeur, dans le Pas-de-Calais (par M. Hallez), et paraît aveugle. L'espèce doit donc être considérée comme très-rare, au moins dans les deux localités où on l'a rencontrée jusqu'ici. Elle n'est pas connue ailleurs.

EXPLICATION DES PLANCHES.

Planche VII.

1. *Simognathus leiomerus*, face dorsale.. .. .. $\times$ 110
1 a.　　　　*id.*　　　　extrémité du palpe......... $\times$ 450
1 b.　　　　*id.*　　　　cadre génital (mâle) .... $\times$ 450
2. *Halacarus anomalus*, face dorsale... .... $\times$ 100
2 a.　　　　*id.*　　　　face ventrale............ . .. $\times$ 100
2 b.　　　　*id.*　　　　rostre (face ventrale).......... $\times$ 360
2 c.　　　　*id.*　　　　tarse de la 1re paire........... $\times$ 400
2 d.　　　　*id.*　　　　cadre génital (mâle)........ ... $\times$ 450

Planche VIII.

1. *Halacarus rhodostigma*, face dorsale..... .... $\times$ 160
1 a.　　　　*id.*　　　　rostre (face ventrale) .... $\times$ 370
2. *Halacarus oculatus*, face dorsale .... $\times$ 160
2 a.　　　　*id.*　　　　rostre (face ventrale)........... $\times$ 370
3. *Halacarus tabellio*, face dorsale................ ... $\times$ 160
3 a.　　　　*id.*　　　　rostre (face ventrale) .... $\times$ 370

Planche IX.

1. *Halacarus gibbus* (type), face dorsale.............. $\times$ 110
1 a.　　　　*id.*　　　　rostre (face ventrale)...... $\times$ 380
1 b.　　　　*id.*　　　　tarse de la 1re paire........ $\times$ 800

2. *Halacarus gibbus* var. *britannica*, face dorsale .... $\times$ 110
2 *a*.　　*id*.　　　　　*id*.　　rostre (face ventrale) $\times$ 380
3.　　　*id*.　　　var. *remipes*, face dorsale .... $\times$ 110
3 *a*.　　*id*.　　　　*id*.　　rostre (face ventrale). $\times$ 380

Planche X.

1. *Leptognathus Kervillei*, face dorsale .... $\times$ 110
1 *a*.　　　*id*.　　　　rostre, de profil.. .... $\times$ 380
1 *b*.　　　*id*.　　　　cadre génital .... $\times$ 450
2, *a*. Oviscapte (*Ovipositor*) d'*Halacarus actenos*, dans
　　　l'extension complète (vu par dessous) .... $\times$ 400
　　a'. le même, incomplètement rétracté .... $\times$ 400
　　a''. poil double (*spiraculum ?*) du bord marginal de l'ab-
　　　domen, de chaque côté de l'anus .... $\times$ 800
3, *b* Oviscapte (*Ovipositor*) de *Rhombognathus pascens*,
　　　dans l'extension *presque complète* (vu par dessous). $\times$ 400
　　b'. le même, dans l'extension *tout à fait complète* (vu
　　　par dessus) .... $\times$ 400

Planche XI.

A, 1. *Scaptognathus tridens*, face ventrale... ... . $\times$　90
　　2.　　　*id*.　　　　face dorsale .... $\times$　90
　　3.　　　*id*.　　　　palpe droit, face ventrale.. $\times$ 235
　　4.　　　*id*.　　　　　*id*.　　face dorsale... $\times$ 235
　　5.　　　*id*.　　　　plaque oculaire .... $\times$ 510
　　6.　　　*id*.　　　　griffe..... .... $\times$ 515
B, 1. *Scaptognathus Hallezi*, face ventrale .... $\times$ 130
　　2.　　　*id*.　　　　face dorsale .... $\times$ 130
　　3.　　　*id*.　　　　palpe gauche, face ventrale. $\times$ 450

(Nous devons les clichés de cette planche à l'obligeance de M. P. Hallez,
professeur à la Faculté des Sciences de Lille).

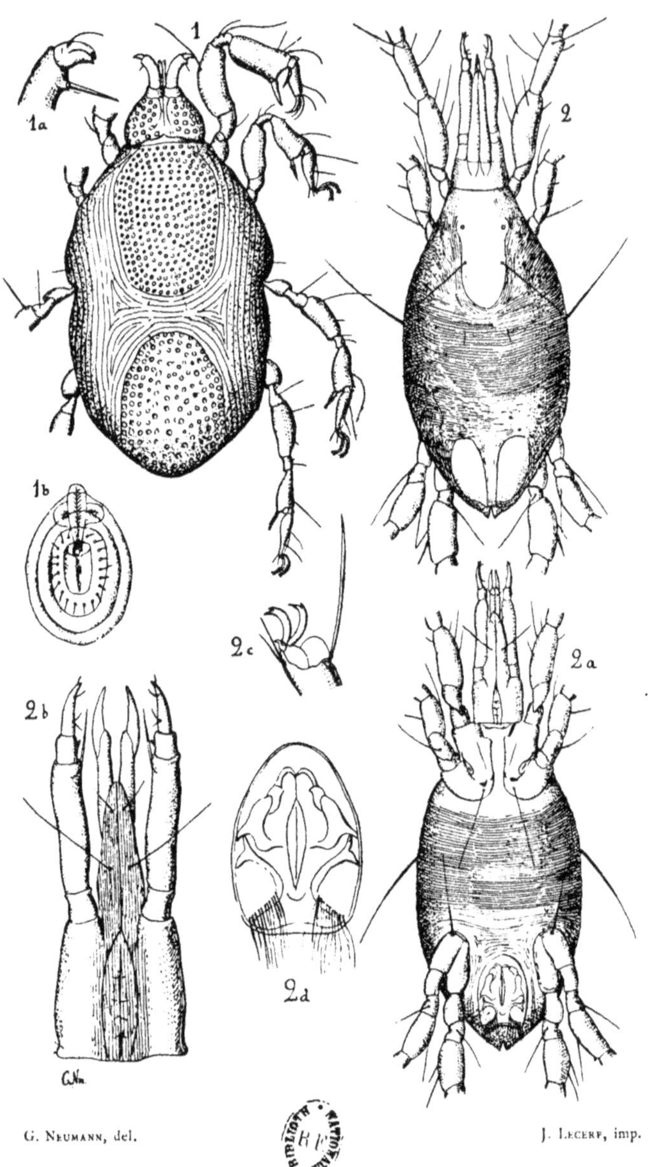

G. Neumann, del.

J. Lecerf, imp.

1, 1 *a*, 1 *b*, *Simognathus leiomerus* Trt., n. sp.

2, 2 *a*-2 *d*, *Halacarus anomalus* Trt., n. sp.

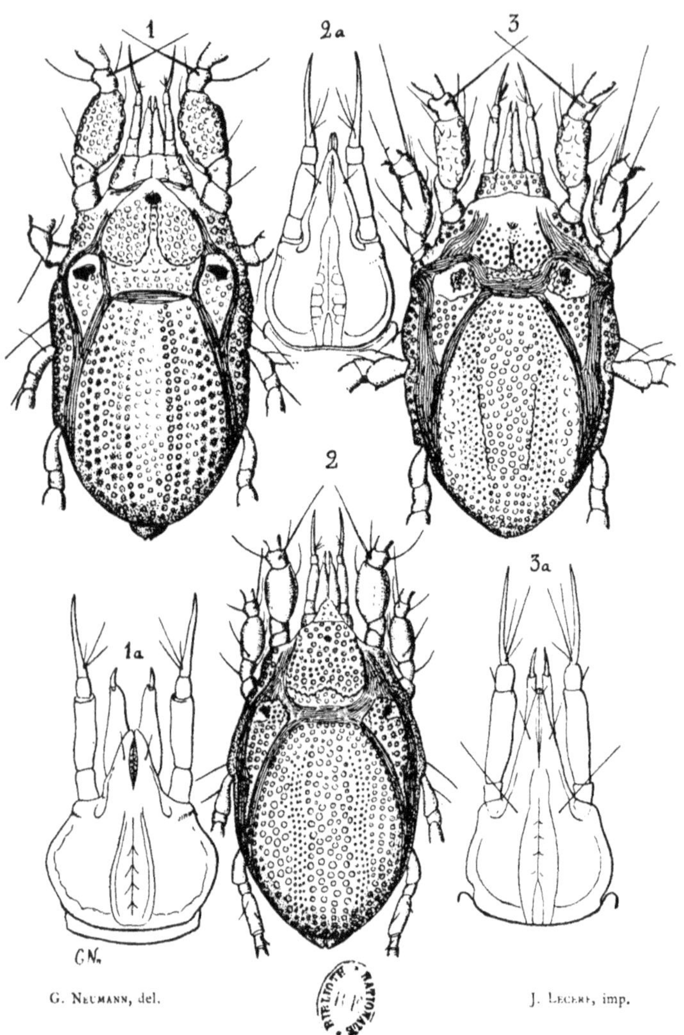

G. Neumann, del.   J. Lecerf, imp.

1, 1 *a*, *Halacarus rhodostigma* Gosse.

2, 2 *a*,   *id.*   *oculatus* Hodge.

3, 3 *a*,   *id.*   *tabellio* Trt., n. sp.

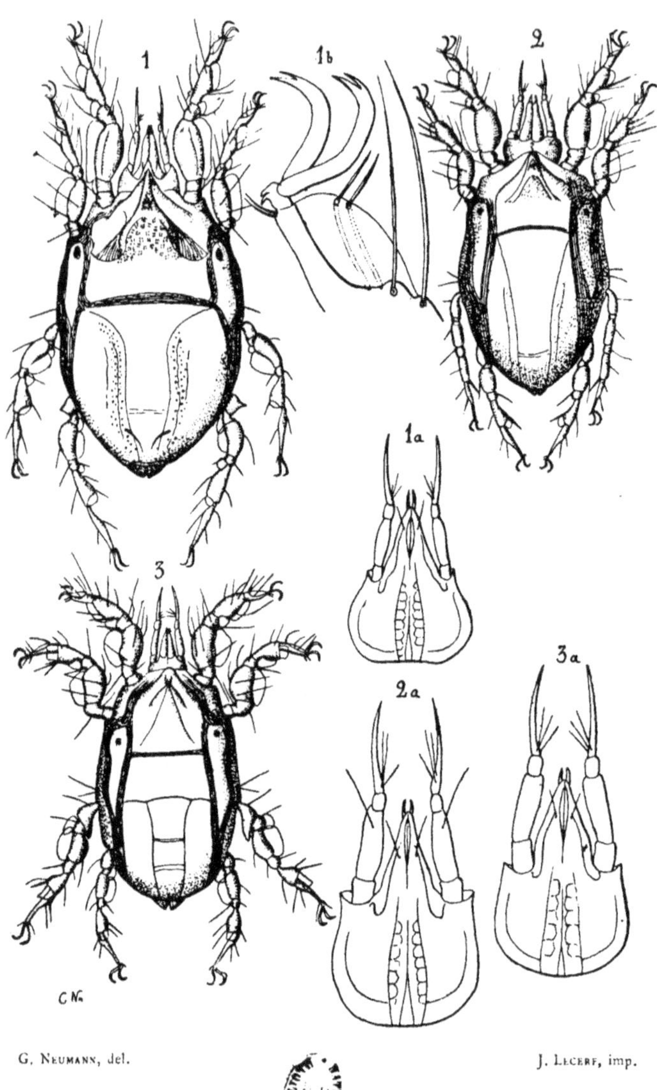

G. Neumann, del.   J. Lecerf, imp.

1, 1 *a*, 1 *b*, *Halacarus gibbus* Trt. (type).

2, 2 *a*,   *id.*   *id.*   *britannicus* Trt.

3, 3 *a*,   *id.*   *id.*   *remipes* Trt.

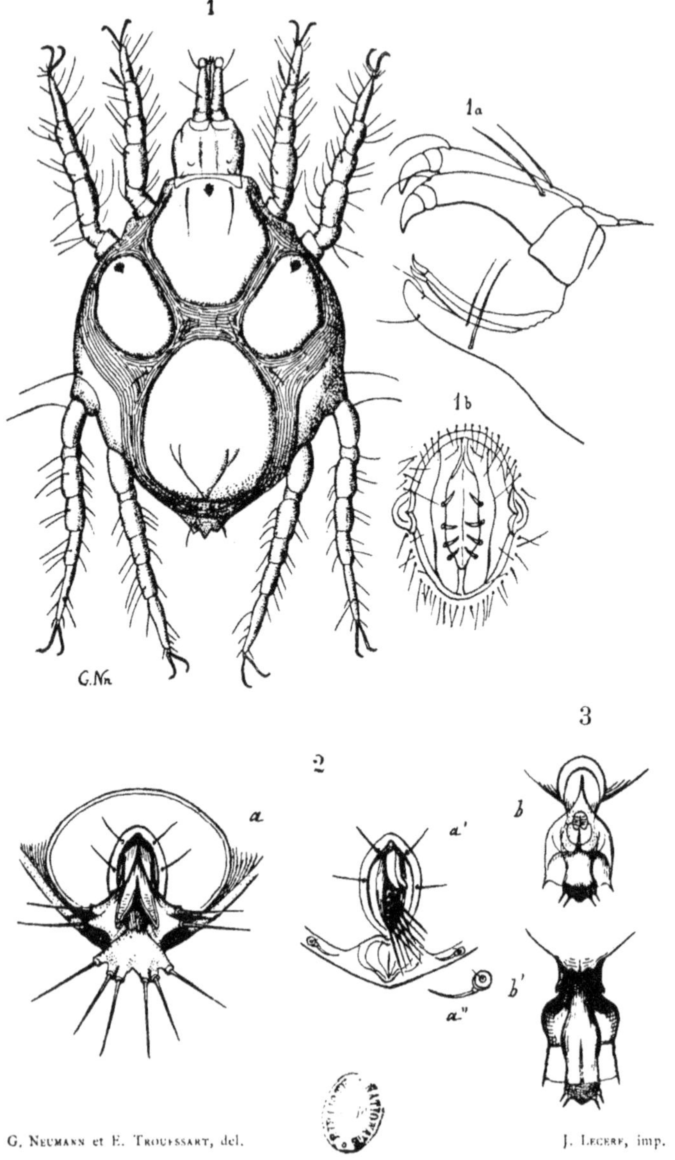

1, 1 *a*, 1 *b*, *Leptognathus Kervillei* Trt., n. sp.

2 *a*, *a'*, *a"*, Ovipositor d'*Halacarus actenos* Trt.

3 *b*, *b'*, id. de *Rhombognathus pascens* Lohm.

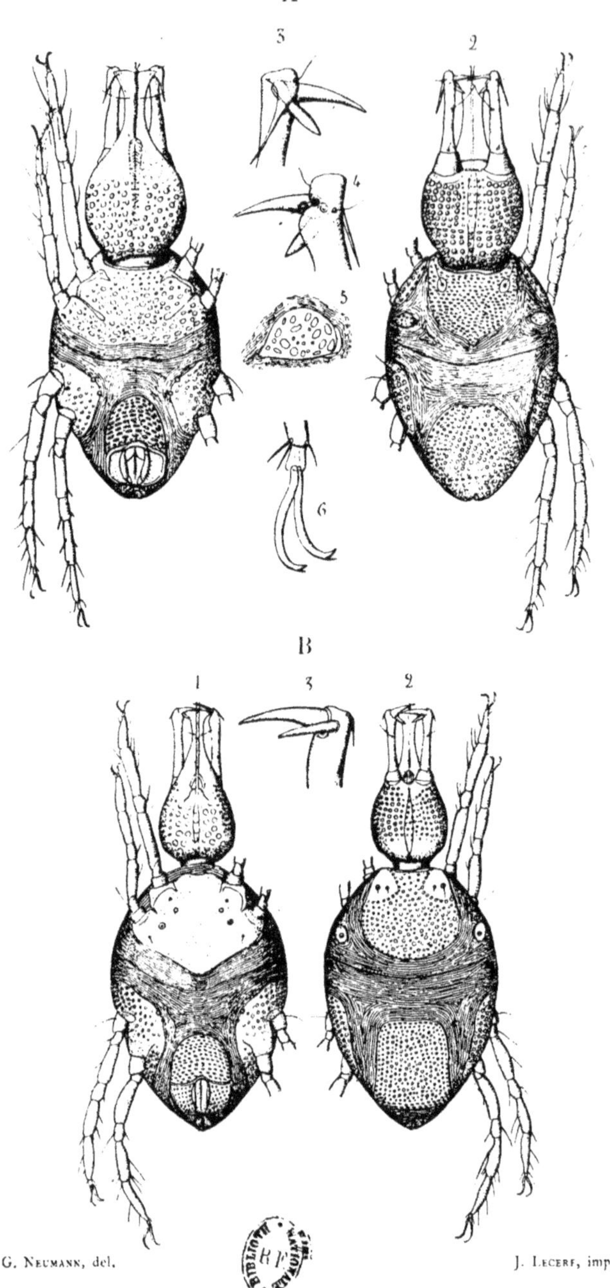

A, 1-6, *Scaptognathus tridens* Trt.

B, 1-3, *Sc. Hallezi* Trt.

NOTE

SUR DES

larves marines d'un Diptère du groupe
des Muscidés acalyptérés et probablement du genre *Actora*
trouvées aux îles Chausey (Manche) [1]

(avec trois figures dans le texte)

Par Henri GADEAU de KERVILLE

« Les entomologistes savent fort bien que les larves des
Diptères vivent dans des milieux des plus différents, à la
fois solides et liquides. Mais, si l'on connait beaucoup d'espèces de ces Insectes vivant, à l'état de larve, dans les eaux
douces ; par contre, la science n'a enregistré jusqu'alors
qu'un petit nombre d'observations relatives à des larves de
Diptères habitant les eaux salées.

« Au cours d'une campagne zoologique que j'ai faite, l'été
de 1893, dans la région de Granville (Manche) et aux îles
Chausey, j'ai eu la bonne fortune de trouver des larves
marines d'un Diptère, qui font le sujet de cette notule.

« J'ai recueilli ces larves dans le petit archipel Chausey,
au nord et près du rivage de la Grande-Ile, au commencement d'août 1893. Elles vivaient sur du sable vaseux, sous
une pierre entourée de sable, en un point qui est immergé
à chaque marée, et où il n'y a aucun filet d'eau douce. J'en
récoltai un certain nombre, que je mis dans l'alcool, et un
examen superficiel me les fit reconnaître pour des larves
d'un Diptère.

« De retour à Rouen, je les ai envoyées à M. Josef Mik, le

(1) Cette note a paru dans les Annal. de la Soc. entomol. de France,
1894, 1ᵉʳ trim., 1ᵉʳ fasc. (Congrès annuel), p. 82, et fig. 1, 2 et 3. — Tir. à
part, Paris, Siège de la Soc., 1894, (même paginat. que celle des Annal.).

très-savant diptériste de Vienne (Autriche), qui m'a écrit, au sujet de ces larves et d'autres larves marines de Diptères français, une lettre fort instructive, pour laquelle je le remercie profondément, et dont j'extrais les passages qui suivent :

« Selon toute probabilité, les larves de Diptère que vous « m'avez communiquées appartiennent à l'*Actora aestuum* « Meig. La larve de cette espèce est exclusivement marine, « et, à ma connaissance, n'a pas encore été suffisamment « décrite et n'a jamais été représentée. Le docteur Gustav « Joseph [1], qui a obtenu l'insecte parfait en élevant cette « larve, dit qu'elle ressemble à celle du *Scatophaga stercora-* « *ria* L., mais qu'elle est plus grosse. Il est vrai qu'il trouva « la larve de l'*Actora aestuum* parmi des *Fucus vesicu-* « *losus* L. du rivage, que le reflux laissait quelque temps à « sec ; mais il est possible qu'elle se nourrisse aussi de « vase.

« L'*Actora aestuum* se trouve sur les côtes de France. « Avec lui, on ne peut citer, comme espèces françaises exclu- « sivement marines à l'état de larve, que les trois suivantes : « *Coelopa frigida* Fall., *C. pilipes* Halid. et *Fucellia arena-* « *ria* R.-D., qui appartiennent, comme l'*Actora aestuum*, « au groupe fort nombreux des Muscidés acalyptérés. Il n'est « pas impossible que vos larves soient celles de l'une des « trois espèces en question, bien qu'elles me paraissent un « peu trop grosses ».

« On a observé aussi d'autres espèces de Diptères thalas- sophiles à l'état larvaire ou adulte ; mais en parler serait donner à cette notule plus d'étendue qu'elle n'en comporte.

« Voici la description des larves trouvées par moi aux îles Chausey, description que je publie d'après le conseil de

(1) Dr Gustav JOSEPH. — *Anatomische und biologische Bemerkungen über Actora aestuum* Meig., *einer am Strande der Nordsee in Helgoland und Sylt einheimischen Fliege*, in Jahres-Bericht der naturwissensch. Sect. der schlesisch. Gesellsch. für vaterlaend. Cultur, Breslau, ann. 1879-80, p. 40 et 202. — Réimpression in Zoologisch. Anzeiger, Leipzig, n° du 24 mai 1880, p. 250.

M. Josef Mik. Elle est accompagnée de trois figures bien exactes, dessinées par mon ami M. A.-L. Clément, et que nous avons revues ensemble :

« Larve subcylindrique, amincie graduellement dans sa partie antérieure et tronquée à son extrémité postérieure, apode, d'un jaune blanchâtre, peu transparente, mais laissant voir l'armature pharyngienne terminée par deux crochets buccaux (appareil chitineux d'un brun noir), et le contenu verdâtre de l'appareil digestif.

« Longueurs minimum et maximum des larves récoltées : 10 et 15 millimètres ; largeurs minimum et maximum : 2,2 et 3 millimètres ; mesures prises sur des individus conservés dans l'alcool. Ces longueurs doivent être augmentées d'environ deux millimètres pour avoir les longueurs que présentaient ces larves à l'état vivant, et les largeurs doivent être augmentées dans la même proportion.

« Cette larve a douze segments, y compris le segment céphalique, très-petit et complètement rétractile dans le prothorax. Chacun des segments, sauf le premier, offre, en dessus et en dessous, des sillons et des bourrelets transversaux peu accusés, et toute la larve est couverte de poils très-courts et dressés. Le segment céphalique possède deux antennes très-petites, ayant chacune deux articles, et deux palpes extrêmement petits, d'un seul article. Les deux pièces de l'armature pharyngienne sont identiques et bifurquées postérieurement, et, sur la branche inféro-postérieure de chacune de ces deux pièces, sont insérés deux muscles. C'est une larve amphipneustique. Les deux stigmates antérieurs sont situés latéralement dans la partie postérieure du prothorax et entourés d'une petite couronne à festons dont chaque éminence porte une tige très-petite, ramifiée en deux ou plusieurs tigelles, chacune terminée en boule, et dont le nombre total est d'une quarantaine environ.

« A l'extrémité postérieure de cette larve se trouvent quatorze appendices charnus et pointus, ainsi disposés : huit situés dorsalement et latéralement sur un arc de cercle, et les six autres ventralement, en trois plans parallèles. Les deux plaques stigmatifères, situées chacune au sommet d'un mamelon, sont rondes, et chacune d'elles possède trois stigmates elliptiques, avec un péritrème brun-noir. Quant à l'orifice anal, il est situé entre les deux appendices charnus les plus inférieurs, et au-dessous d'eux.

« Le point le plus intéressant est à connaître : celui de savoir, d'une manière non douteuse, à quelle espèce ces larves se rapportent, si elles appartiennent à l'*Actora aestuum* Meig., à une autre espèce d'*Actora* ou à un autre genre.

« Ayant le souvenir de l'endroit exact où j'ai trouvé ces larves marines, et porté à croire que le jeune guide qui m'accompagnait se le rappelle aussi, je m'efforcerai d'obtenir par lui, — si je ne puis retourner dans cette localité, des plus riches pour le zoologiste et le phycologue, — un

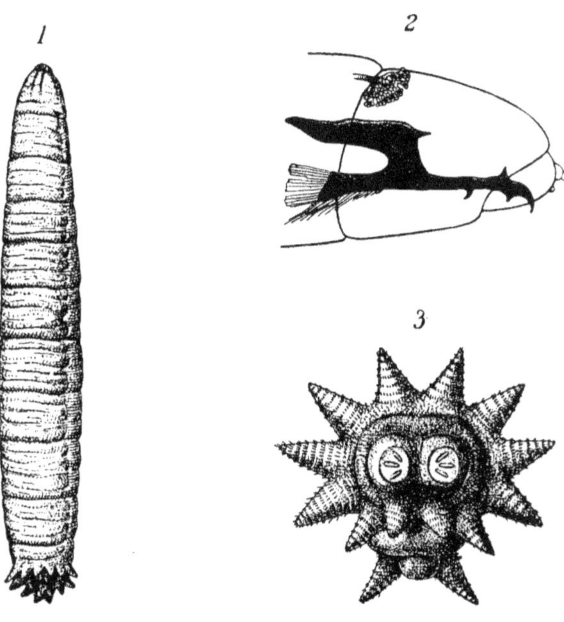

certain nombre d'individus vivants de cette larve, que je soignerai de mon mieux pour tâcher d'avoir l'éclosion de l'insecte parfait. Il va sans dire que, si j'arrive à ce résultat, j'aurai l'honneur d'en informer sans retard la Société entomologique de France ».

EXPLICATION DES FIGURES

Fig. 1

Vue dorsale, mais un peu inclinée, de la larve, grossie. La tête fait saillie ; les deux pièces de l'armature pharyngienne se voient par transparence, et, dans l'angle inféro-droit du prothorax, est visible le stigmate antérieur droit. A ce grossissement, on ne voit pas les poils qui couvrent toute la surface de cette larve.

Fig. 2

Coupe, fortement grossie, de la tête, du prothorax et de la partie antérieure du mésothorax, montrant une antenne de 2 articles, un palpe d'un seul article, un crochet buccal terminant l'une des deux pièces de l'armature pharyngienne, — l'autre pièce, tout à fait semblable, est entièrement cachée par celle-ci, — l'insertion des deux muscles sur la branche inféro-postérieure de cette pièce, et le stigmate prothoracique droit, avec la couronne de poils qui l'entoure.

Fig. 3

Vue transversale, fortement grossie, de l'extrémité postérieure de la larve, montrant les 8 appendices situés sur un même arc de cercle, aux parties dorsale et latérales ; les 6 autres disposés en trois plans parallèles, à la partie ventrale ; les 2 plaques stigmatifères, chacune avec ses 3 stigmates, et, tout à fait en bas, sur la ligne médiane, le mamelon qui est au-dessus de l'orifice anal.

ERRATA

Page 57, lignes 15 et 16, lire : tout en ayant partiellement leur autonomie, au lieu de : tout en ayant leur autonomie.

Page 94, ligne 12, lire : quatre lieues environ, au lieu de : trois lieues environ.

TABLE DU TEXTE

TABLE DES PLANCHES ET DES FIGURES

DANS LE TEXTE

PLANCHES

FIGURES DANS LE TEXTE

MATIÈRE & MOUVEMENT
HGK
TOUT POUR L'HUMANITÉ